黄河口生态系统诊断与评估技术研究

◎ 张继民　刘　霜　赵　蓓等著

中国海洋大学出版社
·青岛·

图书在版编目(CIP)数据

黄河口生态系统诊断与评估技术研究／张继民，刘霜，赵蓓著．—青岛：中国海洋大学出版社，2014．6

ISBN 978-7-5670-0677-5

Ⅰ．①黄…　Ⅱ．①张…　②刘…　③赵…　Ⅲ．黄河—河口—生态系统—研究　Ⅳ．①X321．2

中国版本图书馆 CIP 数据核字(2013)第 134702 号

出版发行　中国海洋大学出版社

社　　址　青岛市香港东路 23 号　　　邮政编码 266071

出 版 人　杨立敏

网　　址　http：//www．ouc-press．com

电子信箱　dengzhike@sohu.com

订购电话　0532-82032573（传真）

责任编辑　邓志科　　　电　　话 0532-85901040

印　　制　潍坊鲁邦工贸有限公司

版　　次　2014 年 10 月第 1 版

印　　次　2014 年 10 月第 1 次印刷

成品尺寸　185 mm × 260 mm

印　　张　9．875

字　　数　210 千

定　　价　32．00 元

前言
Preface

海洋是人类赖以生存和发展的重要物质基础,加强海洋环境的治理和保护、提高海洋环境质量,是实现海洋经济可持续发展的基本保障。党的“十八大”将生态文明纳入社会主义现代化建设“五位一体”的总体布局,这是我国在新的历史阶段全面建成小康社会、加快推进新“四化”建设、实现中华民族伟大复兴的战略选择。海洋生态文明建设是生态文明建设的重要组成部分,加强海洋生态文明建设,必须科学客观诊断与评价海洋生态系统状况,进而为提高海洋资源开发、环境保护、综合管理的管控能力和应对气候变化的适应能力提供技术保障。

河口位于海陆交汇地带,受到海洋潮汐和陆地径流相互作用的影响,生物地球化学作用耦合多变,演变机制复杂,生态系统敏感脆弱,在人类活动影响下,入海径流量的减少、陆源污染及人类海洋资源开发活动等外部胁迫压力往往造成河口重要经济生物产卵场萎缩,河口生态系统的结构和功能退化。鉴于河口生态系统的独特性,实施好河口生态监测与评价工作对于河口生态资源的开发、环境保护和综合管理具有重要的意义。黄河口及邻近海域是渤海关键的生态功能区,分布有1个国家级自然保护区和5个国家级海洋特别保护区,由于其特殊的地理位置和大量的淡水注入,使得黄河口海域成为许多海洋生物与鸟类的重要栖息地和重要海洋经济物种的产卵、育幼及索饵场所,在生物多样性保护与生态功能恢复方面具有重要的意义与价值。2009年12月1日国务院通过了《黄河三角洲高效生态经济区发展规划》,使黄河口区域成为我国实施国家战略开发建设的区域之一,这是继珠江三角洲、长江三角洲开发建设之后,成为新世纪开发建设的重点区域。为此,如何科学客观地评估黄河口区域海洋生态系统状况,对于该区域的科学开发和管理保护具有重要的指导意义。

如何做好河口生态系统诊断与评估?根据河口生态评价目的的不同,本书基于海洋公益性行业科研专项经费项目“基于生态系统的环渤海区域开发集约用海研究”(项目编号:201005009)子任务2“集约用海对海洋环境影响评估关键技术研究”、“黄河口及邻近海域生态系统管理关键技术研究及应用”(项目编号:201105005)子任务2“黄河口生态系统诊断与评估技术研究”和“海岸带区域综合承载力评估决策技术集成及应用示范”(项目编号:200805080)子课题6“基于生态需水的黄河口滨海湿地及近岸海域综合承载力研究”及国家海洋局科研专项“北海区海洋环境质量综合评价方法研究”(项目编号:

DOMEP（MEA）-01-01）专题2“北海区河口及邻近海域海洋环境质量综合评价方法研究”、2009年度国家海洋局近岸海域生态环境重点实验室开放基金“海洋功能区环境污染价值损害评估方法学研究”、国家海洋局北海分局科技基金“基于生态系统的管理模式研究——以黄河口生态监控区为例”等课题研究成果，较为系统地阐述了黄河口海域生态需水量评价技术、海洋生态系统健康评价技术、海洋生态系统完整性评估技术、海洋生态系统脆弱性评估技术、海洋环境污染价值损害评估技术、海域承载力评估技术等，并以2012年的调查数据进行应用评估，以期为更好地开展黄河口海域生态系统评估及海洋环境保护管理提供参考。

全书共分3篇，第一篇为现状诊断，阐述了黄河口海域生态现状与压力状况，包括引用的数据来源与调查研究方法、海洋环境质量、海洋生物群落、滨海湿地及岸线和海洋生态现状及压力分析；第二篇为技术与应用，开展了生态系统评估技术研究，阐述了黄河口海域生态需水量评估、海洋生态系统健康评估、海洋生态系统完整性评估、环境污染价值损害评估、承载力评估等技术方法并开展了应用研究；第三篇为监测与管理，针对黄河口生态现状和生态系统诊断与评估结果，提出了相应的生态监测与管理对策及建议。

本书各篇的协作分工如下：第一篇，刘霜、齐衍萍、刘旭东、王娟、曲亮、刘莹、马芳、袁媛、刘星；第二篇，张继民、刘霜、冷宇、潘玉龙、刘莹、尹维翰、刘娜娜；第三篇，赵蓓、张继民、张琦。

本书作者单位：国家海洋局北海环境监测中心，山东省海洋生态环境与防灾减灾重点实验室。

本书在写作过程中，得到了各界的大力支持。特别感谢国家海洋局北海环境监测中心崔文林主任、孙培艳书记、宋文鹏副主任和其他同事对此项工作的大力支持，同时也特别感谢国家海洋局北海分局科技处杨建强处长和中国海洋大学罗先香教授提供的技术指导和帮助！感谢所有参与、关心此项工作的同仁们。

由于笔者对本领域前沿研究认识水平有限，书中可能存在一些不足和错误之处，敬请各界人士批评指正！书中涉及的评估技术研究仅仅是众多河口生态问题研究中的一个侧面，希望能够抛砖引玉，进一步推动相关研究工作。

作　者

2014年1月

目 录

Contents

>>> 第1篇

现状诊断

1.1 数据来源及调查研究方法

1.1.1 调查站位与调查时间

研究区域范围为37°20′00″N～38°02′00″N、119°03′24″E～119°31′00″E。共设20个浅海调查站位，调查项目包括海水要素、沉积物要素和浮游生物要素和大型底栖生物要素（表1-1-1和图1-1-1）。海洋生态现状调查时间为2012年5月和8月，历史资料调查时间为2004年至2011年的5月和8月。

表1-1-1 2012年调查站位表

站号	经度(E)	纬度(N)	监测项目
H01	119°5′17″	38°0′6″	海水、沉积物、生物和大型底栖生物
H02	119°9′36″	38°1′60″	海水、沉积物、浮游生物、大型底栖生物、鱼卵、仔鱼
H03	119°24′40″	37°59′53″	海水、沉积物、浮游生物和大型底栖生物
H04	119°28′19″	37°53′39″	海水、沉积物、浮游生物、大型底栖生物、鱼卵、仔鱼
H05	119°19′1″	37°51′0″	海水、沉积物、浮游生物、大型底栖生物、鱼卵、仔鱼
H06	119°14′17″	37°56′30″	海水、沉积物、浮游生物、大型底栖生物、鱼卵、仔鱼
H07	119°30′28″	37°47′40″	海水、沉积物、浮游生物、大型底栖生物、鱼卵、仔鱼
H08	119°29′10″	37°39′20″	海水、沉积物、浮游生物、大型底栖生物、鱼卵、仔鱼
H09	119°30′43″	37°34′50″	海水、沉积物、浮游生物、大型底栖生物
H10	119°30′60″	37°30′60″	海水、沉积物、浮游生物、大型底栖生物、鱼卵、仔鱼
H11	119°22′5″	37°27′23″	海水、沉积物、浮游生物、大型底栖生物
H12	119°22′49″	37°31′6″	海水、沉积物、浮游生物、大型底栖生物、鱼卵、仔鱼
H13	119°21′30″	37°36′0″	海水、沉积物、浮游生物、大型底栖生物、鱼卵、仔鱼
H14	119°20′6″	37°41′7″	海水、沉积物、浮游生物、大型底栖生物、鱼卵、仔鱼

续表

站号	经度(E)	纬度(N)	监测项目
H15	119°18′32″	37°45′51″	海水、沉积物、浮游生物、大型底栖生物、鱼卵、仔鱼
H16	119°12′50″	37°32′25″	海水、沉积物、浮游生物、大型底栖生物、鱼卵、仔鱼
H17	119°4′60″	37°34′0″	海水、沉积物、浮游生物、大型底栖生物、鱼卵、仔鱼
H18	119°8′0″	37°27′30″	海水、沉积物、浮游生物、大型底栖生物、鱼卵、仔鱼
H19	119°15′0″	37°22′30″	海水、沉积物、浮游生物、大型底栖生物
H20	119°1′60″	37°22′0″	海水、沉积物、浮游生物、大型底栖生物

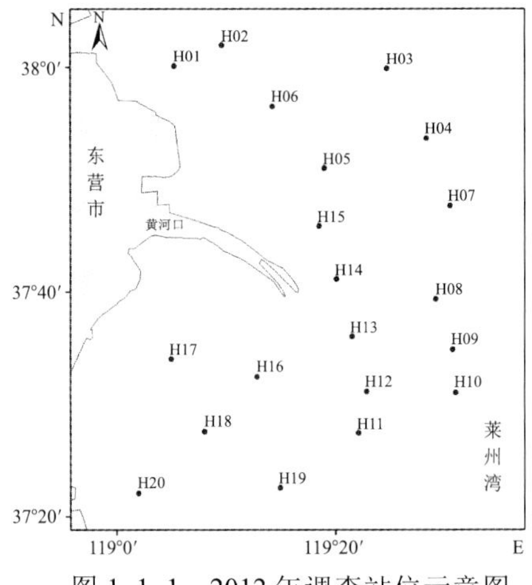

图 1-1-1　2012 年调查站位示意图

1.1.2　调查要素与分析方法

（1）环境要素调查

环境要素调查项目包括盐度、pH、硝酸盐、亚硝酸盐、铵盐、磷酸盐、硅酸盐、溶解氧等，样品调查与分析方法执行《海洋监测规范》（GB17378. 4—2007）。

相关数据处理利用 SPSS10. 0 统计软件进行，采用软件包 pearson 进行相关性分析。各要素利用软件 surfer7. 0 中的 kring 方法绘制平面分布。

（2）海洋生物调查

① 调查要素。

调查要素包括浮游植物、大型浮游动物、大型底栖生物、鱼卵和仔(稚)鱼。

② 调查方法。

浮游植物样品用浅水Ⅲ型浮游生物网，由底(距海底 2 m)至表垂直拖网取得，样品采集后立即用 5% 甲醛溶液固定保存。室内鉴定分析按《海洋监测规范》（GB 17378. 7—2007）中规定的个体计数法进行，浮游植物生物密度换算成个细胞 / 立方米作为调查水域的现存量指标。

大型浮游动物样品用浅水Ⅰ型浮游生物网，自底(距海底 2 m)至表垂直拖网取得，样品采集后立即用 5% 甲醛溶液固定保存。室内鉴定分析按《海洋监测规范》（GB 17378. 7—2007）中规定的方法进行，浮游动物的个体数换算成 ind/m^3、生物量换算成

mg/m^3 作为调查水域的现存量指标。

大型底栖生物调查深水区（水深大于 10 米）定量样品选用 0.1 m^2 曙光型采泥器，每个测站采泥 2 次；浅水区（水深 10 米以内）定量样品选用 0.05 m^2 曙光型采泥器，每个测站采泥 4～5 次；所获泥样经最细孔径为 0.5 mm 的套筛冲洗，挑选出全部底栖生物作为一个样品，固定保存于 70%的酒精溶液中。底栖生物量根据酒精标本重量计算，称重在感量为 0.001 g 的电子天平上进行。

鱼类浮游生物样品采集采用双鼓网水平拖网和浅水 I 型网垂直拖网两种方式。其中，双鼓网网长 360 cm，网口内径 60 cm，网口面积 0.28 m^2，进行水平拖网 10 min，采集到的标本用 5%甲醛溶液固定保存。

③ 数据处理与评价方法。

在生物群落聚类分析中根据调查海域各测站出现的浮游植物、浮游动物及底栖生物种类在不同季节的个体数量累加平均值，采用 PRIMER 5 软件根据物种丰度（ind/m^2）平方根转换计算 Bray-Curtis 相似性系数矩阵，采用软件包中等级聚类分析（CLUSRER）进行群落结构分析。

依据各站的浮游生物及大型底栖生物种类组成及密度分布，计算了样品的多样性指数（H'）、均匀度（J）、丰度（d）、优势度等，其方法按《海洋监测规范》（GB 17378.7—2007）的要求进行。其公式如下：

（1）丰度

表示群落（或样品）中种类丰富程度的指数，其计算公式有多种，采用马卡列夫（Margalef，1958）的计算式：

$$d = (S - 1)/\log_2 N$$

式中，d ——表示丰度；

S ——样品中的种类总数；

N ——样品中的生物个体数。

（2）多样性指数

反映群落种类多样性的数学模式，采用种类和数量信息函数表示的香农－韦弗（Shannon-Weaver，1963）多样性指数：

$$H' = -\sum_{i=1}^{S} P_i \log_2 P_i$$

式中，H' ——种类多样性指数；

S ——样品中的种类总数；

P_i ——第 i 种的个体数（n_i）或生物量（w_i）与总个体数（N）或总生物量（W）的比值（$\frac{n_i}{N}$ 或 $\frac{w_i}{W}$）。

（3）均匀度

皮诺（Pielou，1966）指数，其式：

$$J = H'/H_{max}$$

式中，J ——表示均匀度；

H' ——前式计算的种类多样性指数值；

H_{max}——为 $\log_2 S$，表示多样性指数的最大值，S 为样品中总种类数。

（4）优势度

① 样品评价优势度：

$$D_2 = (N_1 + N_2)/NT$$

式中，D_2——优势度；

N_1——样品中第 1 优势种的个体数；

N_2——样品中第 2 优势种的个体数；

NT——样品中的总个体数。

② 单种优势度：

$$Y = (n_i/N) \times f_i$$

式中，Y——单种优势度；

n_i——为第 i 种的个体数；

f_i——为该种在各站位出现的频率。

当物种优势度 $Y>0.02$ 时，该种认为是研究海域的优势种。

（5）初级生产力采用叶绿素法

按照 Cadee 和 Hegernan（1974）提出的简化公式：

$$Y = \frac{Ps \cdot E \cdot D}{2}$$

式中，P——每日现场的初级生产力（mgC/m·d）；

Ps——表层水中浮游植物的潜在生产力（$mgC/m^2 \cdot h$）；

E——真光层的深度（m），D 为白昼时间的长短（h）。

其中，表层水（1 m 以内）中浮游植物的潜在生产力（Ps）根据表层水中叶绿素 a 的含量计算：

$$Ps = CaQ$$

式中，Ca——表层叶绿素 a 的含量（mg/m^3）；

Q——同化系数（mgC/mg Cha·h）。真光层（E）的深度取透明度的 3 倍。同化系数（Q）采用 3.7。

1.2 黄河口海域生态环境状况

1.2.1 海水环境状况

1.2.1.1 水质状况

（1）水温

温度是影响海域生物活动和海水各种属性的基本、也是最为重要的因素，是海洋生态的基础环境因子之一，因此其往往作为海洋环境监测指标。生物只能在一个相对狭窄的温度范围内生活，不同生物所能忍受的温度范围是不同的，而海洋生物对温度的耐受幅度比陆地或淡水生物小得多。海洋生物在不同的发育阶段往往对温度条件有不同的要求，繁殖和发育的要求特别严格，许多海洋动物只有在特定的水温条件下才会产卵。

2012 年 5 月黄河口海域表层海水温度最高达 22. 18 ℃，最低为 16. 05 ℃，平均温度为 19. 03 ℃。底层海水温度在 11. 49 ℃～20. 15 ℃之间变化，平均温度为 16. 92 ℃。5 月底层海水温度的平面分布均呈现由北向南增高的趋势（图 1. 2-1a 和图 1-2-1b），与 2011 年基本一致。8 月调查海区表层海水温度最高达 26. 50 ℃，最低为 22. 51 ℃，平均温度为 24. 56 ℃，平面分布为黄河口附近海域较低。底层海水温度最高达 26. 20 ℃，最低为 23. 97 ℃，平均温度为 24. 73 ℃，黄河口东南部海域较高（图 1-2-2a 和图 1-2-2b）。2004～2012 年期间，黄河口海域表层水温同期变化不大，除 2007 年 8 月出现波动外，水温总体变化幅度较小（图 1-2-3）。

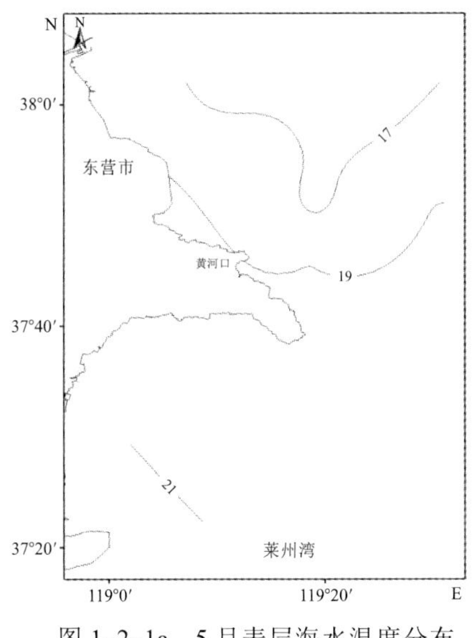

图 1-2-1a 5 月表层海水温度分布（单位：℃）

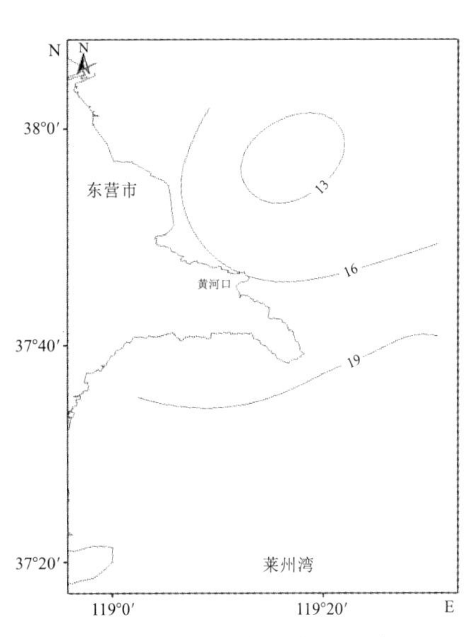

图 1-2-1b 5 月底层海水温度分布（单位：℃）

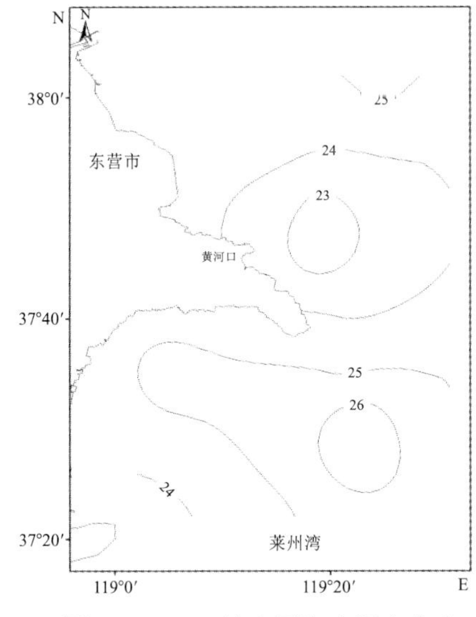

图 1-2-2a 8 月表层海水温度分布（单位：℃）

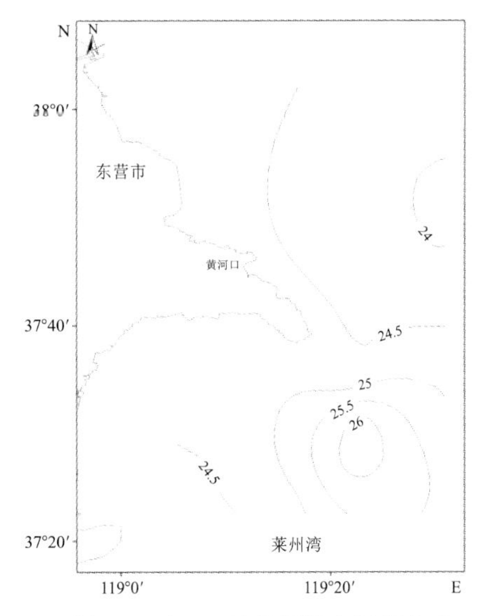

图 1-2-2b 8 月底层海水温度分布（单位：℃）

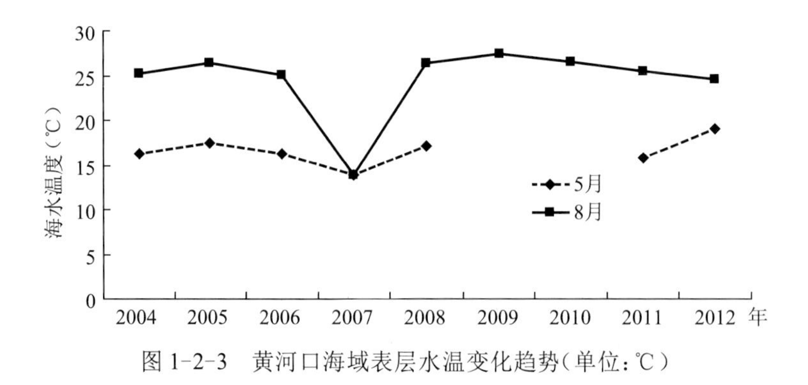

图 1-2-3　黄河口海域表层水温变化趋势（单位：℃）

（2）盐度

海水盐度对海洋生物生长发育及生理活动有着多方面的影响，也是海洋生态的基础环境因子之一。海水盐度升高对海洋生态，与气候变暖、气温升高对陆地生态一样有着深层次的巨大影响（张洪亮等，2006）。研究表明，盐度升高会引起浮游植物生物量降低，浮游生物种类减少，浮游生物多样性降低，会使浮游生物群落向耐盐类型方向演替；盐度对文蛤浮游幼体生长、存活及变态都有显著影响；盐度还能改变鱼卵的相对密度，使鱼卵沉入海底或浮于水体中。因此，盐度升高会对海洋生物造成不利影响，日益引起人们的高度重视。

2012 年 5 月表层海水盐度变化范围为 22. 339～30. 110，平均值为 27. 938，平面分布呈现为黄河口较低的趋势。5 月底层海水盐度变化范围为 26. 704～30. 135，平均值为 28. 641，平面分布呈现由南向北升高的趋势（图 1-2-4a 和图 1-2-4b），与 2011 年一致。8 月表层海水盐度变化范围为 15. 715～28. 768，平均值为 25. 040，平面分布呈现为黄河口附近海域较低。8 月底层海水盐度变化范围为 20. 397～28. 785，平均值为 26. 600，平面分布呈现由南向北升高的趋势（图 1-2-5a 和图 1-2-5b），与 2011 年一致。

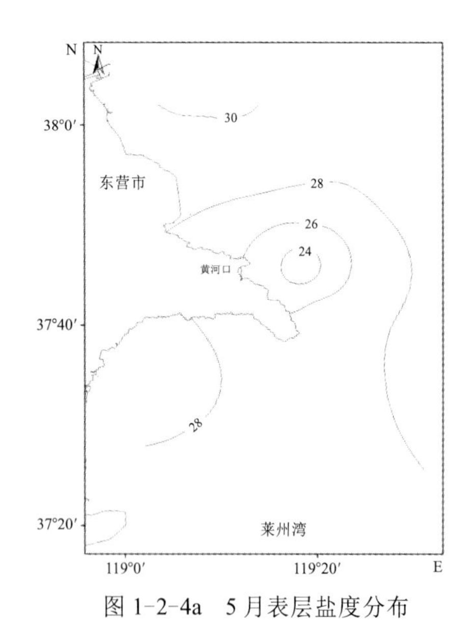

图 1-2-4a　5 月表层盐度分布

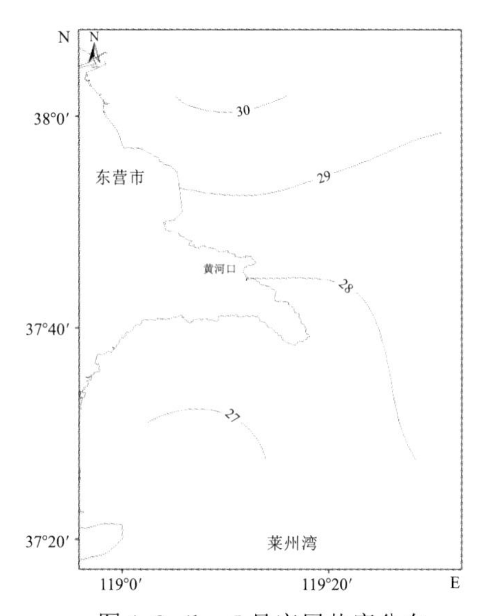

图 1-2-4b　5 月底层盐度分布

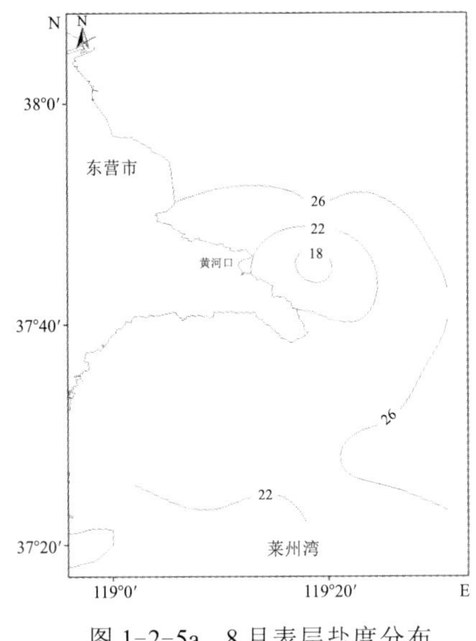

图 1-2-5a　8 月表层盐度分布

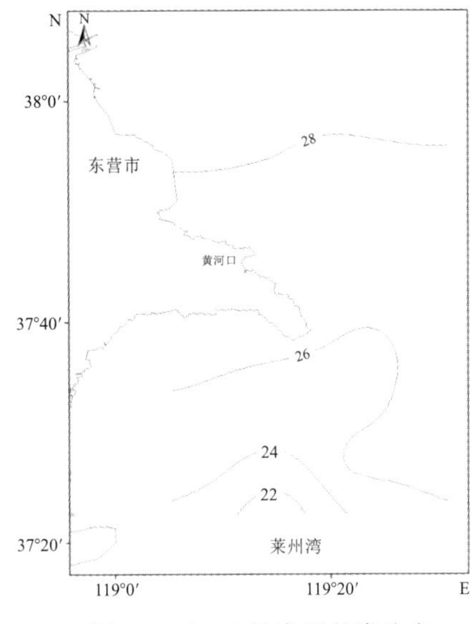

图 1-2-5b　8 月底层盐度分布

海水盐度变化主要受入海淡水和海面蒸发两方面影响，但从黄河口区域来看，入海淡水起到了主要作用。2004～2010 年期间，8 月盐度总体上呈上升趋势（图 1-2-6），盐度均值从 2004 年 8 月的 26.474 上升到 2010 年 8 月的 30.794，上升了 16.3%，这主要可能与同期黄河水入海量较少有关；但 2011～2012 年 8 月又有所下降。黄河口盐度持续升高将给河口海域的生态环境带来不利影响。张洪亮等（2006）通过研究莱州湾盐度现状，发现近 40 年来莱州湾盐度变化总体上呈上升态势，莱州湾盐度升高对莱州湾海洋生态环境的影响是多方面的，对湾内产卵场、育幼场和海洋生物群落结构都有一定的影响；莱州湾盐度升高的主要原因是黄河径流量锐减和断流。

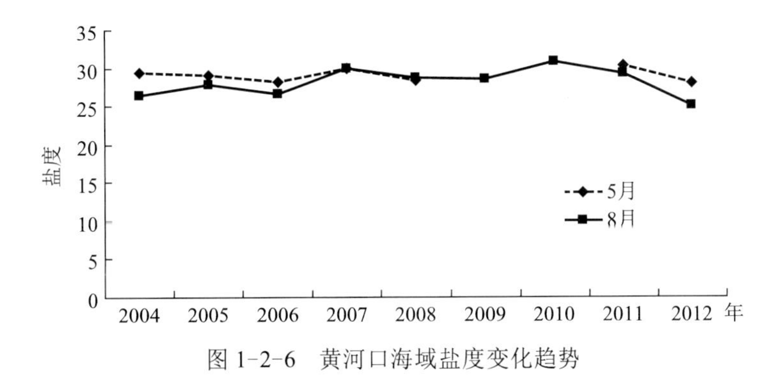

图 1-2-6　黄河口海域盐度变化趋势

（3）pH

海水 pH 作为海洋生态系统的重要环境因子，即使细微变化都将对海洋化学产生深刻影响（Feely, R A, 2004）。河口海域往往作为经济生物的产卵场及孵育场，河口区海水中 pH 的变化将在某种程度上影响着经济生物的发育。因此，在海洋环境监测中，pH 往往作为重要的监测要素之一。海水 pH 主要受控于海水中无机碳酸盐的解离平衡控制，并受海水地球化学和生物过程所影响。在近岸海域，pH 除受径流、大气交换、降雨、氧化还原等物理和化学因素影响外，与海洋生物的生长繁殖也有着密切的关系，海洋生物（特别是浮游植物)的光合作用、呼吸作用以及海洋有机物的分解对沿岸海域海水 pH 的分布变化也有较大影响(石晓勇，2005)，而海洋浮游植物的光合作用为黄河口附近海域 pH 的主要控制因素(杨建强，2014)。

2012 年 5 月调查海区表层海水 pH 变化范围为 8. 03～8. 33，平均值为 8. 21；底层海水 pH 变化范围为 8. 12～8. 35，平均值为 8. 19。在平面分布上均呈现由黄河口海域中部向四周降低的趋势(图 1-2-7a 和图 1-2-7b)。8 月调查海区表层海水 pH 变化范围为 7. 97～8. 32，平均值为 8. 13。底层海水 pH 变化范围为 7. 96～8. 34，平均值为 8. 13。在平面分布上较均匀(图 1-2-8a 和图 1-2-8b)，与 2011 年基本一致。

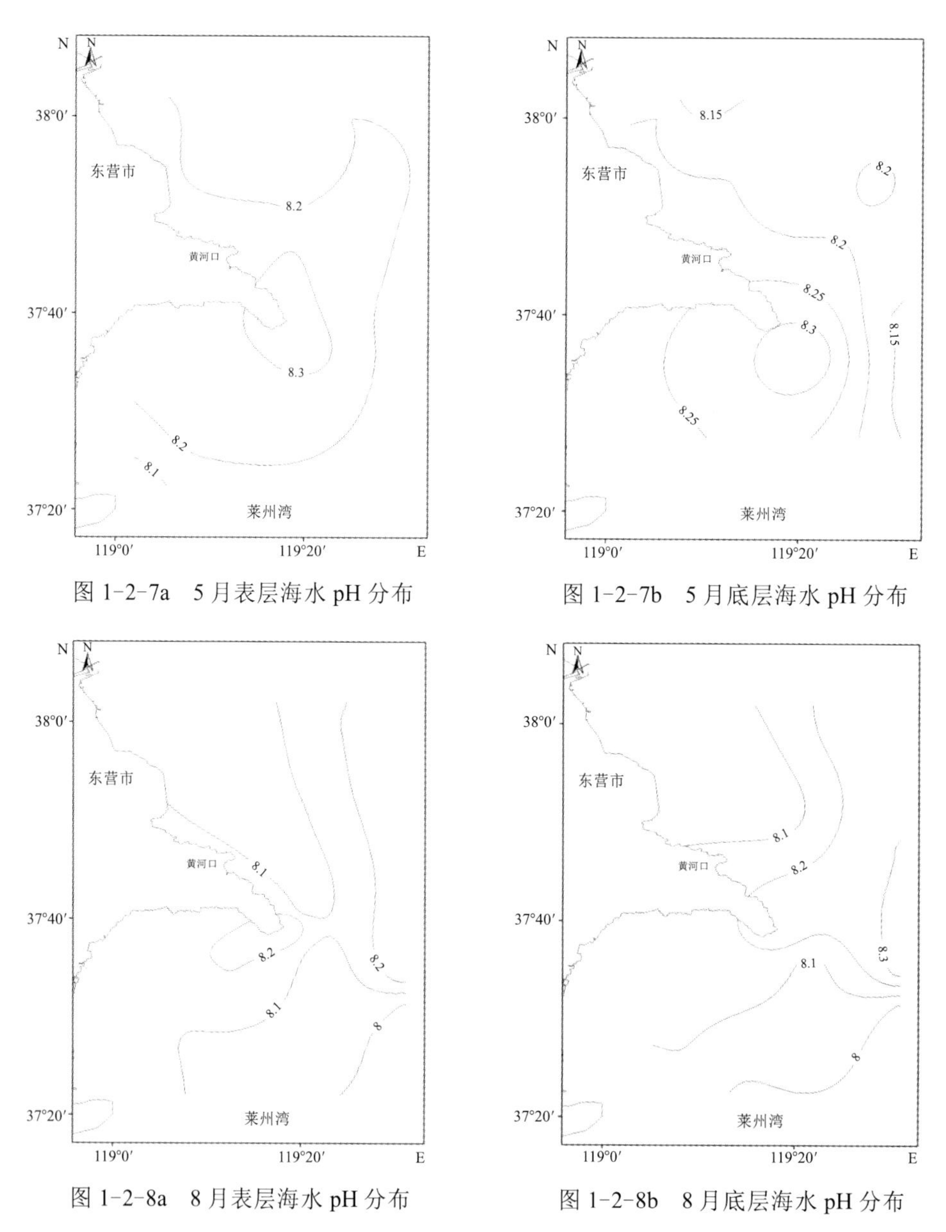

图 1-2-7a　5 月表层海水 pH 分布

图 1-2-7b　5 月底层海水 pH 分布

图 1-2-8a　8 月表层海水 pH 分布

图 1-2-8b　8 月底层海水 pH 分布

2004～2012 年监测结果表明，黄河口海域 5 月和 8 月 pH 变化较为明显(图 1-2-9)。2004～2010 年期间，黄河口附近海域 5 月表层海水的 pH 变化范围在 7. 96～8. 40 之间，变化幅度值为0.44;底层海水变化范围为8.10～8.31,变化幅度值为0.21;5月表层海水的pH值变化幅度高于底层海水。8月表层海水的pH变化范围在7.51～8.55之间,变化幅度值为1.04;底层海水变化范围为7.83～8.23,变化幅度值为0.40;8月表层海水的pH变化幅度也大大高于底层海水。2004～2010年5月和8月,黄河口附近海域的pH变化总体上呈降低趋势,尤以8月更为明显。表层海水从2004年的8.15降到2010年的8.00,底层海水从8.14降到8.01,变化值均超过了0.1个pH单位。1985年8月调查结果表明,黄河口海域表层海水的pH变化范围在7.99～8.34,均值为8.18;底层海水变化范围为8.02～8.22,均值为8.12。与1985年8月相比,2010年8月黄河口附近海域表层海水pH降低了0.18个单位,底层海水降低了0.11个单位。黄河口附近海域pH的年际变化趋势表明,近年来pH年际变化较为显著,需要在今后的工作中密切关注。

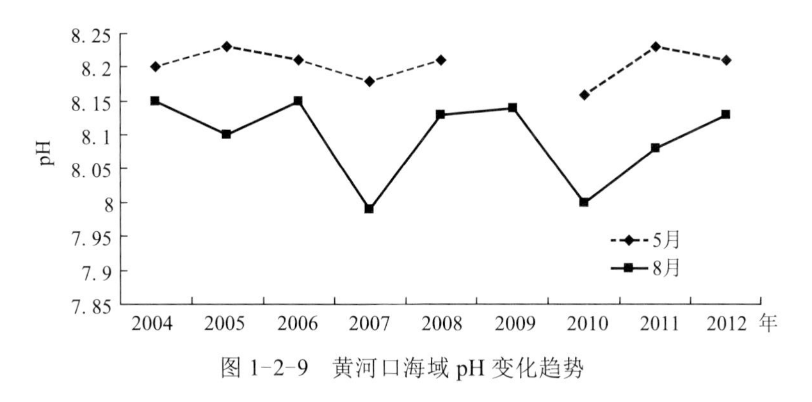

图1-2-9 黄河口海域pH变化趋势

(4)溶解氧

海水中溶解氧的含量变化是海洋物理、化学、生物等过程相互作用的结果,一般海水中的溶解氧主要来源于大气中氧气的溶解及海洋浮游植物和底栖藻类的光合作用,是反映生物生长状况和污染状态的重要指标,因此在海洋环境监测中往往将其作为重要的监测指标之一。

2012年5月调查海区表层海水溶解氧浓度变化范围为7.07～9.44 mg/L,平均值为8.41 mg/L,在平面分布上呈现由南向北增高的趋势。底层海水溶解氧浓度变化范围为7.70～9.71 mg/L,平均值为8.40 mg/L,平面分布上在莱州湾海域含量较低(图1-2-10a和图1-2-10b)。平面分布与2011年基本上一致。8月调查海区表层海水溶解氧浓度变化范围为6.61～9.60 mg/L,平均值为7.32 mg/L,黄河口东北部海域相对较高;底层海水溶解氧浓度变化范围为6.56～7.52 mg/L,平均值为7.06 mg/L,黄河口海域分布比较均匀(图1-2-11a和图1-2-11b)。

2004～2012年期间,黄河口海域5月表层海水溶解氧含量平均值变化范围为8.62～9.22 mg/L,8月表层海水溶解氧含量平均值变化范围为6.39～7.25 mg/L,8月溶解氧含量明显低于5月(图1-2-12)。在平面分布上,5月河口区域溶解氧含量较高,而8月相反,可能与8月大量的淡水入海有关。

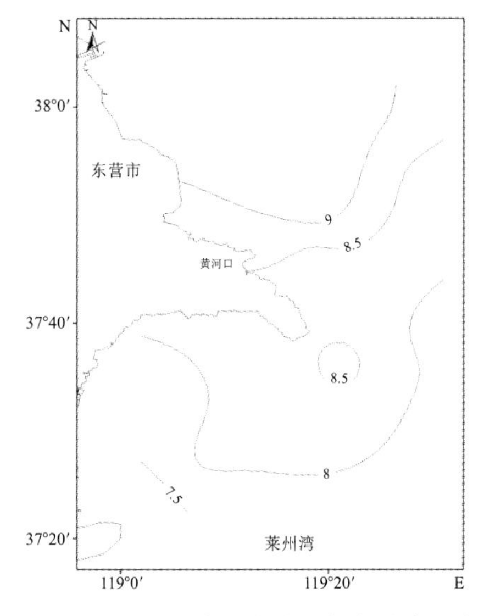

图 1-2-10a　5 月表层海水溶解氧浓度分布
（单位：mg /L）

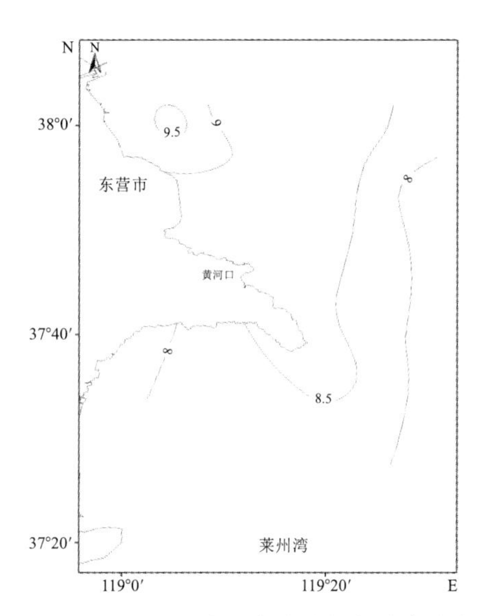

图 1-2-10b　5 月底层海水溶解氧浓度分布
（单位：mg /L ）

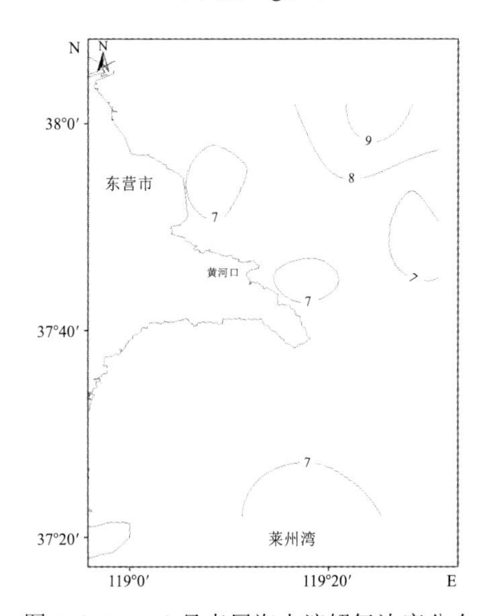

图 1-2-11a　8 月表层海水溶解氧浓度分布
（单位：mg /L）

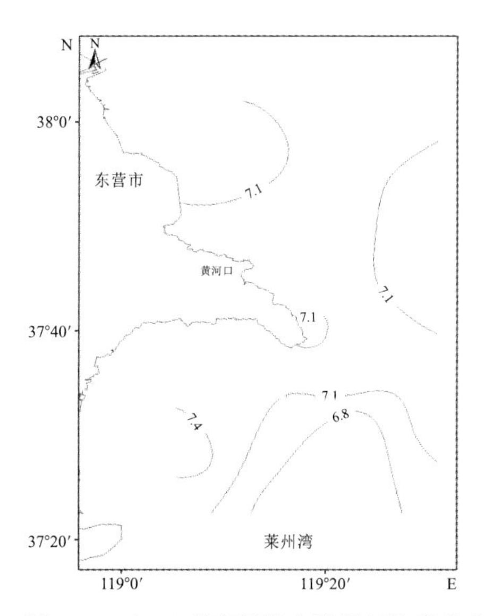

图 1-2-11b　8 月底层海水溶解氧浓度分布
（单位：mg /L ）

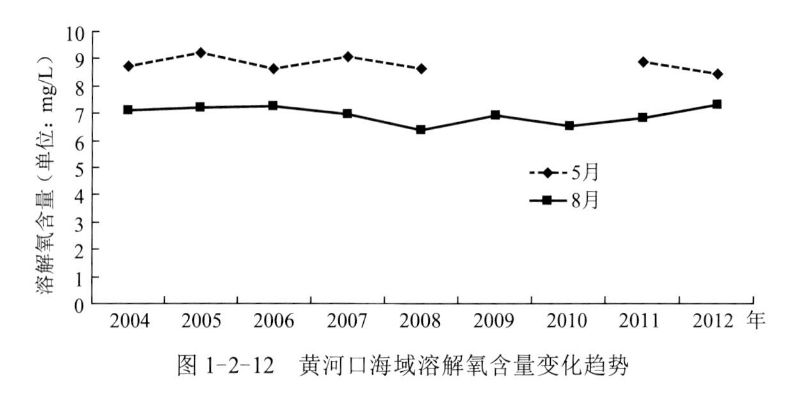

图 1-2-12　黄河口海域溶解氧含量变化趋势

（5）化学需氧量（COD）

耗氧有机污染物是海洋中一类重要的污染物质，由于其种类繁多，成分复杂，来源各异，现有的技术难以对其成分进行全面分析，通过用消耗水体中的溶解氧，即化学需氧量（COD），来作为表征水体中有机物含量的有效指标，并用来间接反映水体中有机物污染程度，COD 值越高，说明水体中有机污染物污染越严重。目前，COD 已成为海洋环境监测工作中的重要监测指标。

2012 年 5 月黄河口海域表层海水 COD 浓度变化范围为 0. 480～2. 48 mg/L，平均浓度为 1. 02 mg/L；底层 COD 浓度变化范围为 0. 400～1. 20 mg/L，平均浓度为 0. 867 mg/L，表底层均变化幅度较小；在平面分布上莱州湾海域较高（图 1-2-13a 和图 1-2-13）。8 月调查海区表层海水 COD 浓度变化范围为 0. 440～2. 44 mg/L，平均浓度为 0. 977 mg/L；底层 COD 浓度变化范围为 0. 520～2. 56 mg/L，平均浓度为 0. 923 mg/L；在平面分布上莱州湾海域较高（图 1-2-14a 和图 1-2-14b）。

2005～2012 年期间，黄河口海域表层海水 COD 变化波动明显，5 月表层海水的 COD 在（0. 72～1. 22）mg/L 之间，8 月表层海水的 COD 在（0. 92～1. 68）mg/L 之间，总体上来看，8 月表层海水 COD 总体呈下降趋势（图 1-2-15），表明黄河口海域污染程度呈减轻趋势。

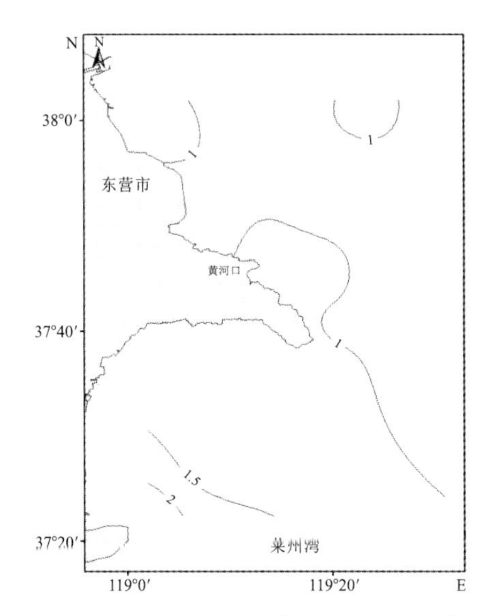

图 1-2-13a　5 月表层海水 COD 浓度分布（单位：mg/L）

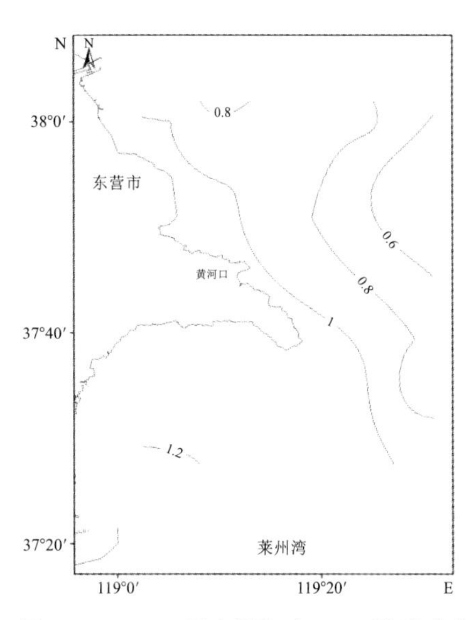

图 1-2-13b　5 月底层海水 COD 浓度分布（单位：mg/L）

（6）营养盐

营养物质如磷酸盐、无机氮是浮游植物生长所必需的，但营养盐过高或过低，也会给浮游植物的生长带来很大影响。营养盐吸收动力学研究结果表明（Nelson D M.，1990；Justic D，1995），浮游植物生长需要的无机氮和无机磷的阈值分别为 14 μg/L 和 3. 1 μg/L；如果 $N/P>22$，则磷为限制元素；如果 $N/P<10$，则氮为限制元素。黄河作为我国北方第一大河和世界上输沙量最多的河流，每年向河口及附近海域注入丰富的无机氮、无机磷和无机硅等营养物质，为浮游植物的生长繁殖提供了丰富的营养物质基础。

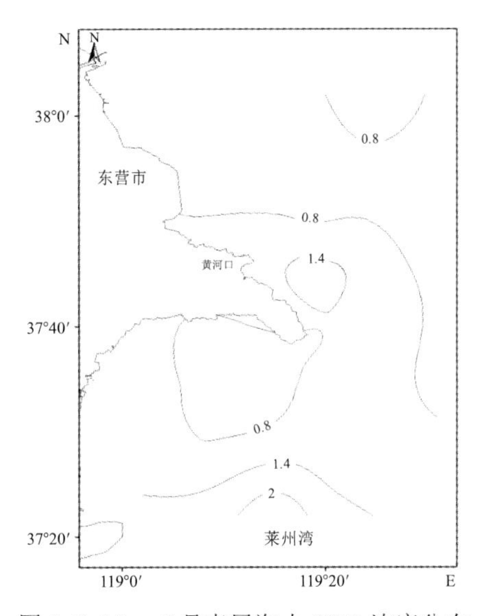

图 1-2-14a　8 月表层海水 COD 浓度分布
（单位：mg/L）

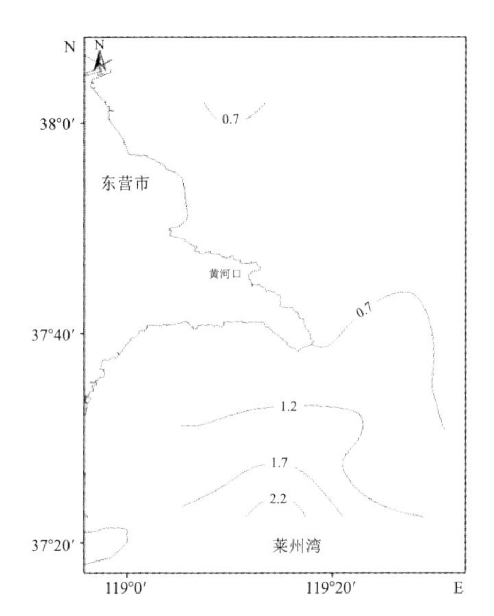

图 1-2-14b　8 月底层海水 COD 浓度分布
（单位：mg/L）

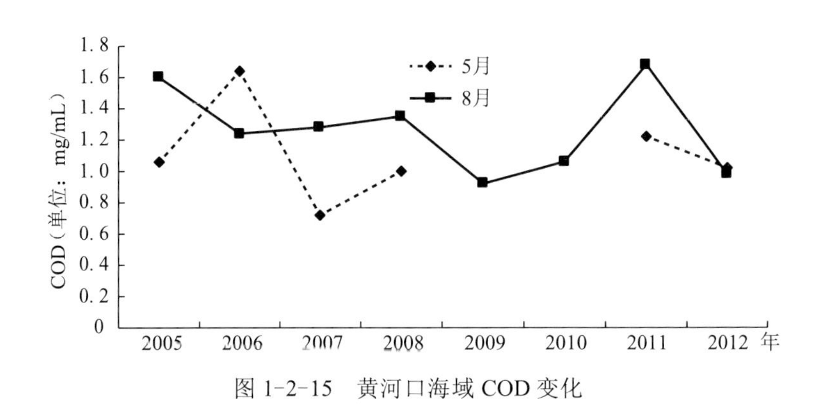

图 1-2-15　黄河口海域 COD 变化

2012 年 5 月调查海区表层海水活性磷酸盐变化范围为 3. 23 ～ 16. 8 μg/L，平均值为 7. 92 μg/L；底层海水活性磷酸盐变化范围为 2. 97 ～ 17. 7 μg/L，平均值为 8. 06 μg/L，平面分布呈黄河口附近海域较高（图 1-2-16a 和图 1-2-16b）。8 月调查海区表层海水活性磷酸盐变化范围为 1. 12 ～ 10. 6 μg/L，平均值为 3. 67 μg/L，黄河口北部海域较高；底层海水活性磷酸盐变化范围为 1. 32 ～ 6. 37 μg/L，平均值为 3. 17 μg/L；在平面分布上黄河口海域较高（图 1-2-17a 和图 1-2-117b）。

2012 年 5 月黄河口海域表层海水无机氮浓度最高达 324 μg/L，最低值为 171 μg/L，平均无机氮浓度为 264 μg/L；底层海水无机氮浓度最高达 324 μg/L，最低值为 213 μg/L，平均无机氮浓度为 279 μg/L，平面分布呈现黄河口附近海域无机氮浓度较高（图 1-2-18a 和图 1-2-18b）。8 月黄河口海域表层海水无机氮浓度最高达 69. 4 μg/L，最低值为 366 μg/L，平均无机氮浓度为 237 μg/L，黄河口和莱州湾海域无机氮浓度较高；底层海水无机氮浓度最高达 396 μg/L，最低值为 75. 5 μg/L，平均无机氮浓度为 203 μg/L，莱州湾海域无机氮含量较高（图 1-2-19a 和图 1-2-19b）。

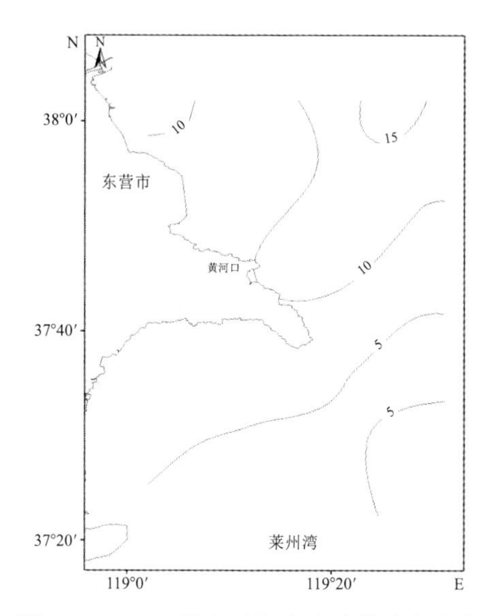

图 1-2-16a 5 月表层海水磷酸盐浓度分布
（单位：μg/L）

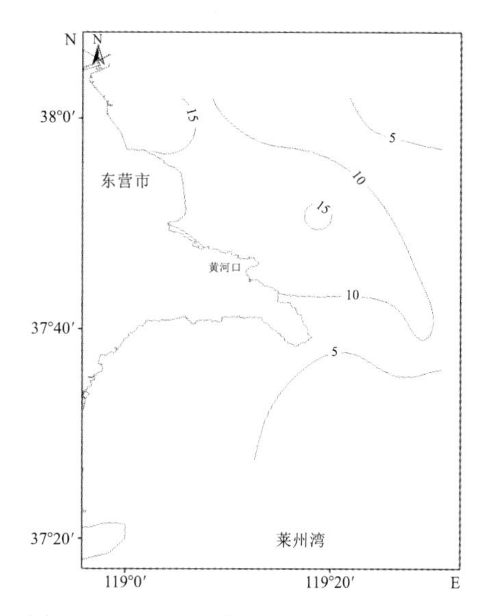

图 1-2-16b 5 月底层海水磷酸盐浓度分布
（单位：μg/L）

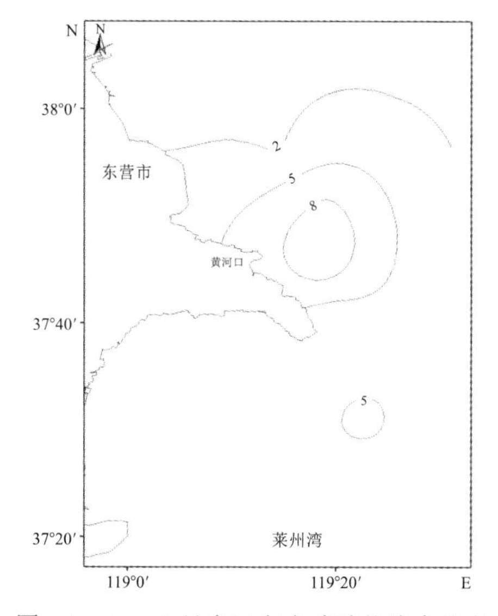

图 1-2-17a 8 月表层海水磷酸盐浓度分布
（单位：μg/L）

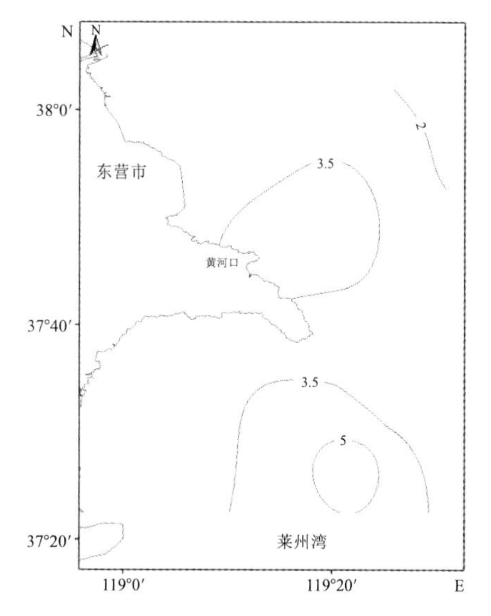

图 1-2-17b 8 月底层海水磷酸盐浓度分布
（单位：μg/L）

总体来看，2004～2012 年 8 月黄河口附近海域表层磷酸盐和无机氮浓度均呈减少趋势（图 1-2-20 和图 1-2-21），尤其是无机氮浓度大幅度下降，已从 2004 年的 574.2 μg/L 下降到 2010 年的 108.2 μg/L，主要可能与最近两年的铵盐浓度入海量大幅度下降有关。2011 年和 2012 年 8 月黄河口海域无机氮的浓度较 2010 年有所升高。多年的调查资料表明，黄河口海域无机氮丰富，缺乏无机磷，无机氮浓度远超出其营养盐吸收动力学阈值，而无机磷往往成为海域初级生产力的限制因素，黄河是该海域无机磷输入的重要来源。

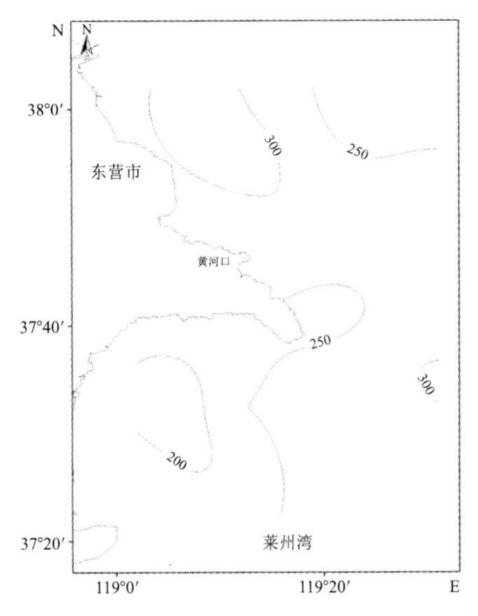

图 1-2-18a　5 月表层无机氮浓度分布
（单位：μg/L）

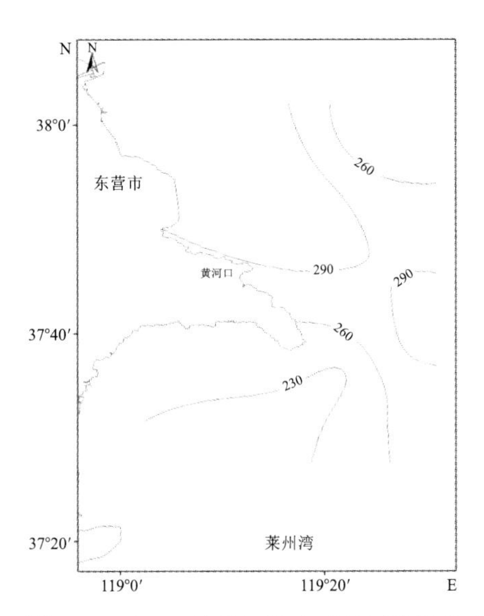

图 1-2-18b　5 月底层海水无机氮浓度分布
（单位：μg/L）

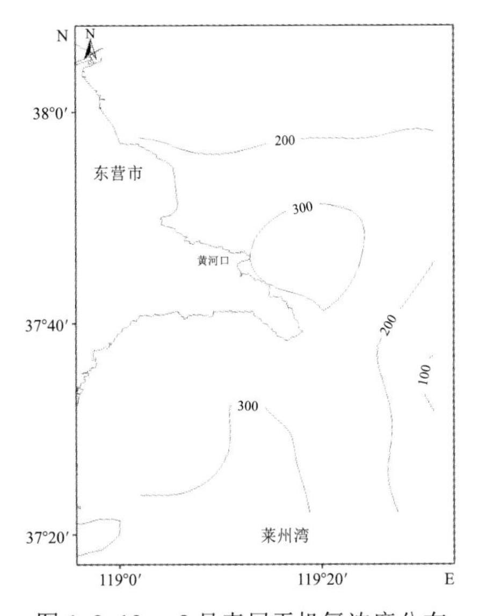

图 1-2-19a　8 月表层无机氮浓度分布
（单位：μg/L）

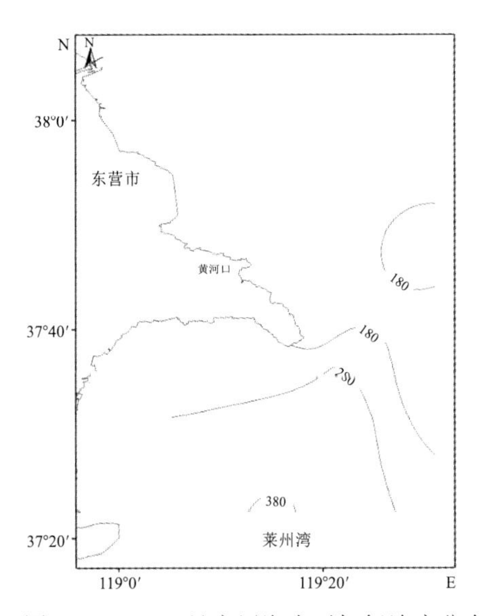

图 1-2-19b　8 月底层海水无机氮浓度分布
（单位：μg/L）

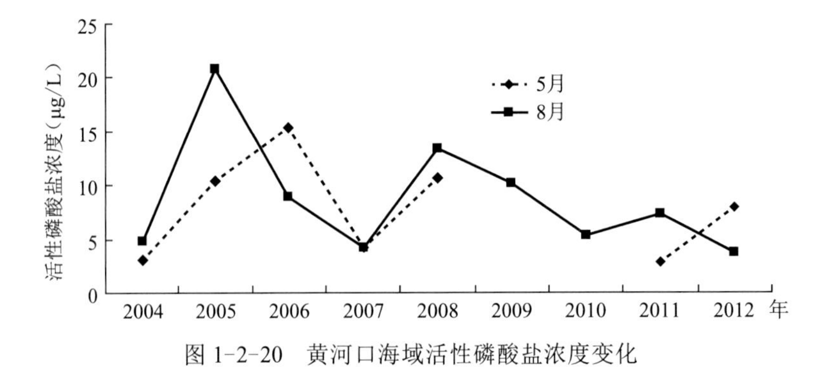

图 1-2-20　黄河口海域活性磷酸盐浓度变化

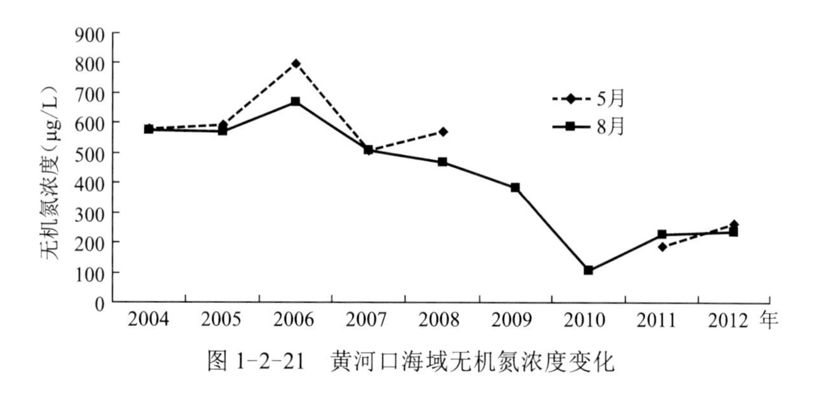

图 1-2-21 黄河口海域无机氮浓度变化

(7) 石油类

随着黄河三角洲区域社会发展和海洋经济的快速发展,来自海洋石油勘探开发、港口、船舶事故和含油污水的排放等带来的石油类污染已成为该区域不可忽视的环境影响因子,石油类已成为监测要素之一。

2012 年 5 月黄河口海域表层海水石油类浓度最高值为 85.2 μg/L,最低值为 9.42 μg/L,平均石油类浓度为 26.4 μg/L,莱州湾海域石油类浓度相对较高(图 1-2-22a)。8 月黄河口海域表层海水石油类浓度最高值为 67.8 μg/L,最低值为 9.96 μg/L,平均石油类浓度为 20.1 μg/L,黄河口海域石油类浓度相对较低(图 1-2-22b)。与 2004 年相比,黄河口海域表层海水石油类浓度降低(图 1-2-23)。

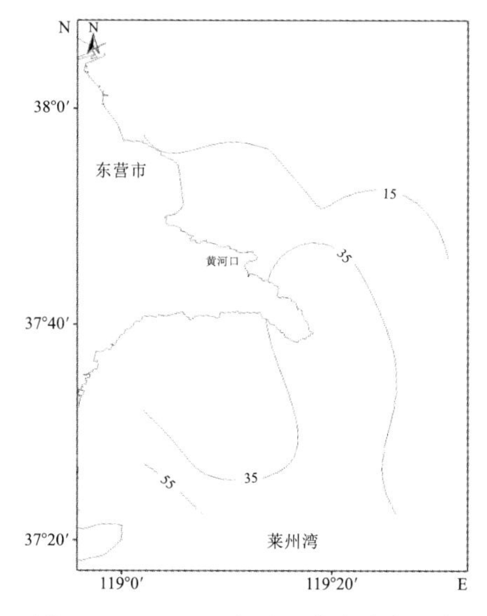

图 1-2-22a 5 月表层石油类浓度分布(单位:μg/L)

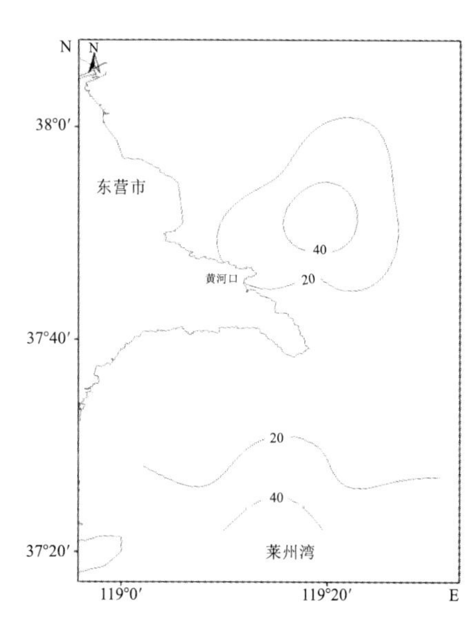

图 1-2-22b 8 月表层石油类浓度分布(单位:μg/L)

1.2.1.2 富营养化状况

目前,沿岸富营养化已成为北海区主要环境问题之一。2012 年北海区海洋环境公报显示,渤海近岸海域海水环境污染的突出问题是由氮、磷等营养物质浓度过高引起的海水富营养化;2012 年 8 月富营养化海域面积达 18 630 km^2,其中重度、中度和轻度富营养化海域面积分别为 3 520 km^2、7 750 km^2 和 7 360 km^2。通过掌握监控区海水富营养化状况及其

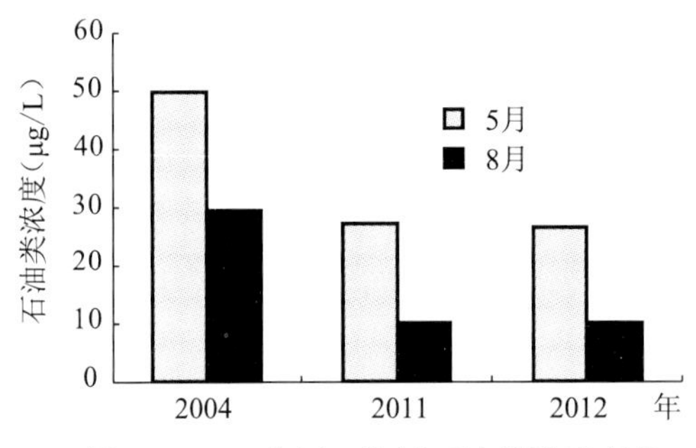

图 1-2-23　黄河口海域石油类浓度变化

变化趋势,对于提出有效的调控或修复措施,开展相应的防治工作具有重要意义。

(1)富营养化评价方法

富营养化评价采用营养状态指数(EI):

$$EI = \frac{\text{化学需氧量(mg/L)} \times \text{无机氮(mg/L)} \times \text{无机磷(mg/L)}}{4\ 500} \times 10^6$$

当 $EI \geqslant 1$ 时为富营养化。

(2)评价结果

由表 1-2-1 可知,5 月和 8 月黄河口海域河口处的 H15 站 $EI>1$,该站位海域处于富营养化状态,可能与陆地径流携带大量营养物质入海有关;其余表层站位富营养化指数 $EI<1$,与多年的监测结果相比,黄河口海域富营养化状态得到改善。

表 1-2-1　2012 年黄河口海域富营养化指数和营养盐结构状况

站号	5月				8月			
	EI	N/P	*EI*	N/P	*EI*	N/P	*EI*	N/P
	表层		底层		表层		底层	
H01	0.81	65	1.23	39	0.03	352	0.05	99
H02	0.42	77	0.39	96	0.02	130	0.04	82
H03	0.81	26	0.16	129	0.07	141	0.03	100
H04	0.31	58	0.16	85	0.11	221	0.05	165
H05	0.66	50	0.91	43	0.33	78	0.12	61
H06	0.26	178	0.74	66	0.05	266	0.04	171
H07	0.32	74	0.52	80	0.07	214	0.08	223
H08	0.11	163	0.58	64	0.04	161	0.05	102
H09	0.14	205	0.10	189	0.03	49	0.04	49
H10	0.34	84	0.19	195	0.03	129	0.03	219
H11	—	—	—	—	0.18	121	0.47	115
H12	—	—	—	—	0.57	122	0.31	212
H13	0.37	124	0.17	167	0.22	149	0.27	198
H14	0.31	67	—	—	0.36	174	—	—
H15	1.15	47	—	—	1.41	76	—	—

续表

站号	5月				8月			
	EI	N/P	*EI*	N/P	*EI*	N/P	*EI*	N/P
	表层		底层		表层		底层	
H16	0.44	102	—	—	0.10	197	—	—
H17	0.45	38	—	—	0.19	171	—	—
H18	0.15	129	0.35	76	0.17	192	0.30	221
H19	—	—	—	—	0.82	184	0.88	224
H20	0.63	136	—	—	0.36	202	—	—
平均值	0.45	95	0.46	102	0.16	166	0.18	149

1.2.1.3 营养盐结构状况

N∶P的原子比可作为判断调查海域浮游植物营养盐限制情况的重要参考指标。当营养盐总水平满足浮游植物生长时，浮游植物通常按16∶1这一比例吸收氮盐和磷盐，偏离过高或过低都可能引起浮游植物的生长受到某一相对低浓度元素的限制。

2012年5月黄河口海域表层海水N/P值最高值达205，均值为95（表1-2-1），在平面分布上，高值区出现在河口东南海域（图1-2-24a）；8月份表层海水N/P值最高值达352，均值为166，高值区出现在河口西北部区域（图1-2-24b）。5月和8月N/P比远高出16∶1的比例，呈严重失调状况。与连续多年的监测结果相比，监控区海域水体富营养化状况得到恢复，但氮磷比失衡现象依然严重。活性磷酸盐浓度过低是导致黄河口附近海域营养盐结构比例失调的主要原因，活性磷酸盐已是黄河口附近海域浮游植物生长的限制因子。

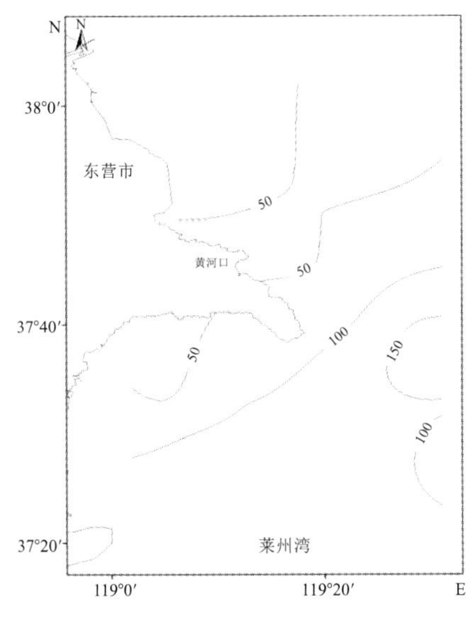

图1-2-24a 黄河口海域5月N/P分布

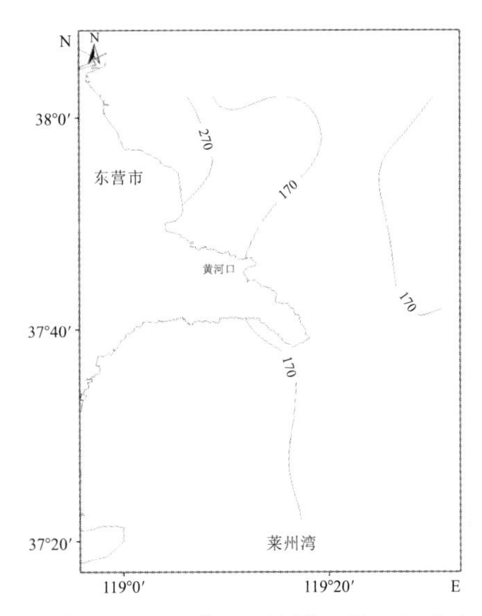

图1-2-24b 黄河口海域8月N/P分布

从2004～2010年8月表层营养盐结构的比较图来看，2005～2007年期间，N/P值均呈明显增加趋势，其值在61～268之间，2007后的比值有所降低，但N/P比仍远高于16∶1的水平。2010年至2012年8月N/P值呈升高趋势（图1-2-25）。连续多年的监测结果表明，监控海域活性磷酸盐浓度较低是造成氮磷比失衡的主要原因。

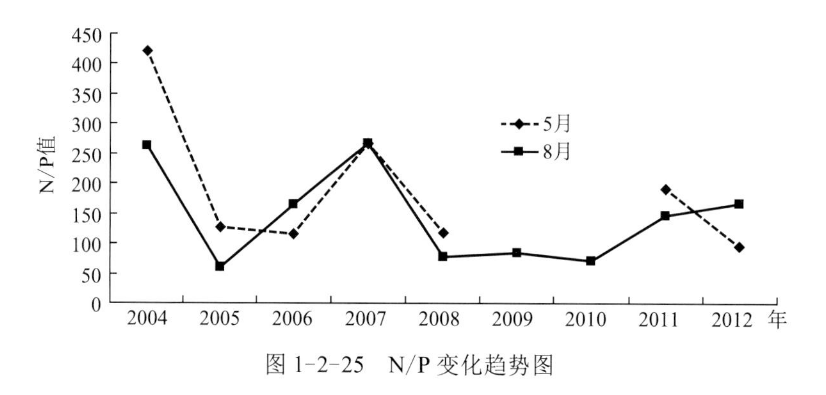

图1-2-25　N/P变化趋势图

1.2.2　海洋沉积物环境状况

（1）黄河口底质沉积物类型及特征

黄河多年平均入海泥沙为10.5亿吨（《中国河流泥沙公报2011》），其中2/3以上堆积在河口附近形成三角洲，其余向黄河口门外的沿岸区和陆架区扩散，主要是泥沙的细粒级部分。对早期表层沉积物矿物学和地球化学元素的分析结果显示，黄河入海物质控制了渤海湾南部、莱州湾、渤海海峡南部以及从莱州湾向北到渤海中央的区域，成为对渤海沉积作用影响最显著的河流。海洋沉积物粒度分析对于研究沉积物的来源、形成原因，了解沉积环境具有重要的意义。另外，粒度特征对沉积物中重金属、有机质等污染要素的聚集和底栖生物栖息及分布具有重要影响。

2012年8月份对黄河口沉积物20个站位海洋沉积物粒度进行监测，监测结果见表1-2-2。根据监测结果，黄河口沉积物底质类型为黏土质粉砂（YT）、砂质粉砂（ST）和粉砂（T），所占比例分别为75%、15%和10%。

表1-2-2　2012年8月黄河口海域海洋沉积物粒度监测结果

监测站位	粒级组分含量（%）			定名	粒度参数		
	砂	粉砂	黏土		Mdφ	QDφ	SKφ
H01	3.9	58.8	37.3	YT	7.44	1.48	−0.02
H02	2.9	55.3	41.7	YT	7.56	1.45	−0.01
H03	17	67.6	15.4	T	6.78	1.29	−0.59
H04	4.8	51.6	43.6	YT	7.74	1.4	−0.1
H05	3.9	59.2	36.9	YT	7.55	1.39	−0.01
H 06	25.1	57.5	17.4	ST	6.2	1.8	−0.4
H07	4.1	49.3	46.6	YT	7.92	1.35	−0.17
H08	4.1	49.3	46.6	YT	7.92	1.35	−0.17

续表

监测站位	粒级组分含量(%)			定名	粒度参数		
	砂	粉砂	黏土		Mdφ	QDφ	SKφ
H09	5. 2	53. 2	41. 6	YT	7. 74	1. 22	−0. 12
H10	4. 4	53. 3	42. 3	YT	7. 54	1. 4	−0. 04
H11	5. 7	71. 9	22. 5	YT	6. 55	1. 15	0. 00
H12	5	57. 8	37. 2	YT	7. 15	1. 75	0. 00
H13	29. 2	57. 5	13. 4	ST	5. 4	1. 6	0. 00
H14	15. 4	70. 4	14. 2	T	5. 6	1. 16	0. 34
H15	15	50. 5	34. 5	YT	6. 85	1. 68	−0. 07
H16	13. 8	65. 5	20. 8	YT	6. 25	1. 38	−0. 03
H17	29. 2	52. 6	18. 2	ST	5. 6	1. 98	−0. 05
H18	12. 1	46. 2	41. 7	YT	7. 25	2. 05	−0. 18
H19	11. 2	65. 5	23. 2	YT	6. 4	1. 3	0
H20	6	71	23	YT	6. 7	1. 25	−0. 03

黄河口表层沉积物各粒级组分含量差异较大，以粉砂粒级含量最大，其次为黏土，砂粒级含量最少。其中，砂粒级组分含量介于(2. 9～29. 2)%之间，平均含量为 10. 9%；粉砂粒级组分含量介于(46. 2～71. 9)%之间，平均含量为 58. 2%；黏土粒级组分含量介于(13. 4～46. 4)%之间，平均含量为 30. 9%。根据底质沉积物各粒级组分含量变化趋势(图 1-2-26～图 1-2-28)，沿黄河主流方向，砂及粉砂粒级组分含量呈减少趋势，反映了黄河泥沙的物质贡献；黏土含量变化趋势与之相反，反映了径流水动力的减弱。

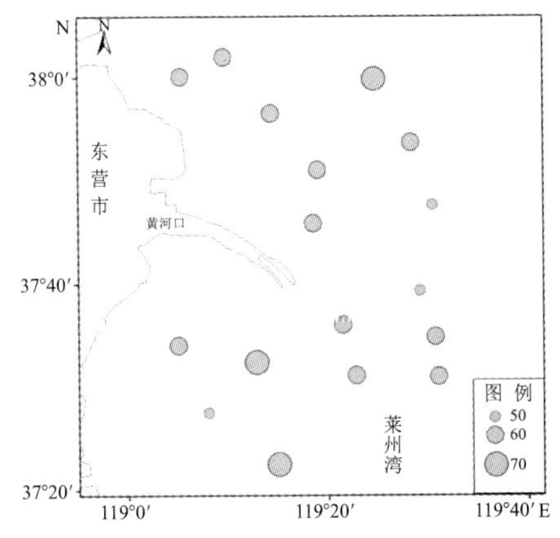

图 1-2-26　黄河口表层沉积物粉砂含量分布

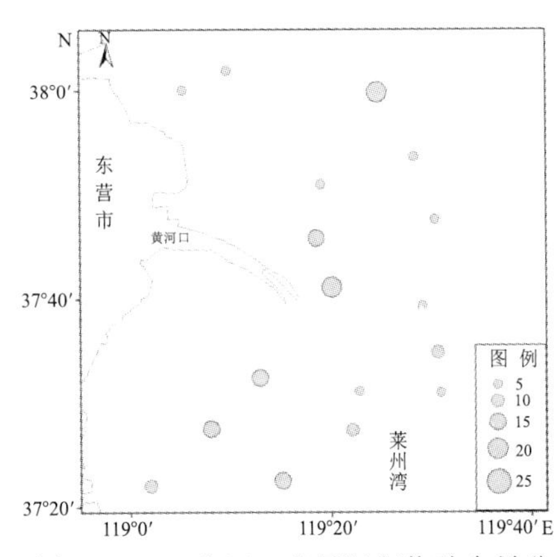

图 1-2-27　黄河口表层沉积物砂含量分布

沉积物中值粒径 Mdφ 介于(5. 40 ～7. 92)φ 之间，分选系数 QDφ 介于(1. 15～2. 05)φ 之间，偏态系数 SKφ 介于(−0. 59～0. 34)φ 之间；平均值分别为 6. 91φ、1. 47φ 和 −0. 08φ。黄河径流携带泥沙入海后，部分沿山东半岛近岸搬运，部分离岸向海搬运，随着搬运距离的增加沉积物有变细趋势(图 1-2-29)。

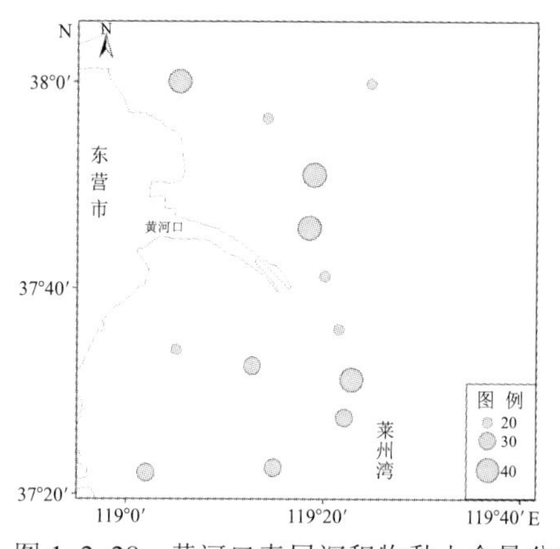

图 1-2-28 黄河口表层沉积物黏土含量分布

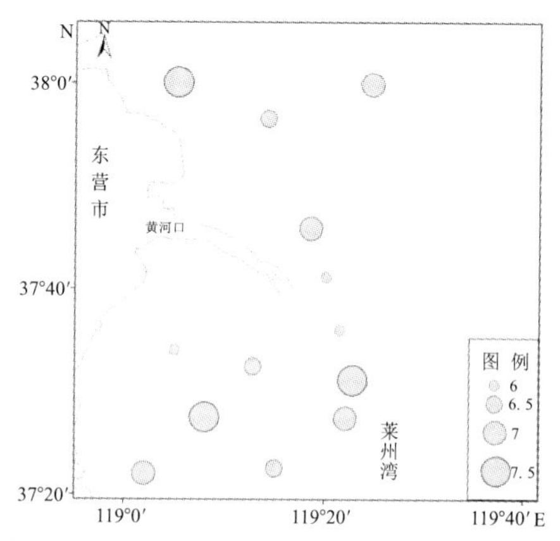

图 1-2-29 黄河口表层沉积物中值粒径分布

（2）黄河口海域沉积物环境状况

黄河口海域硫化物含量在（未检出～303）$\times10^{-6}$之间，符合海洋沉积物质量标准中的一类标准；有机碳含量在（0.029 6～0.464）$\times10^{-2}$之间，符合海洋沉积物质量标准中的一类标准；石油类含量在（4.43～778）$\times10^{-8}$之间，除H04和H10站位超出海洋沉积物质量标准中的一类标准而符合二类标准外，其余站位均符合海洋沉积物质量标准中的一类标准。

2005～2010年监测结果表明，黄河口附近海域8月表层海洋沉积物有机碳含量在（0.028～0.57）$\times10^{-2}$之间，符合《海洋沉积物质量》中的一类标准，污染指数在0.014～0.285之间（表1-2-3），2006～2012年的平均污染指数均低于2005年（图1-2-30）。

表 1-2-3 黄河口海域沉积物有机碳污染指数

站位 \ 年	2005	2006	2007	2008	2009	2010
H02	0.101	0.05	0.08	0.028	0.11	0.11
H04	0.191	0.03	0.09	0.014	0.17	0.07
H08	0.166	0.02	0.05	0.054	0.11	0.08
H10	0.125	0.04	0.07	0.056	0.16	0.15
H11	0.0845	0.03	0.1	0.102	0.13	0.04
H12	0.165	0.07	0.05	0.047	0.1	—
H14	0.24	0.08	0.11	0.211	0.09	0.07
H15	0.243	0.03	0.08	0.099	0.1	—
H16	0.181	0.08	0.1	0.057	0.19	0.06
H19	0.141	0.09	0.08	0.184	0.12	0.07
H20	0.172	0.07	0.12	0.15	0.18	0.1
H24	0.285	0.08	0.06	0.154	0.1	0.18
H25	0.107	0.06	0.08	0.061	0.12	0.09
H26	0.144	0.09	0.08	0.198	0.15	—
H28	0.0755	0.08	0.08	0.138	0.16	0.14
H30	0.168	0.09	0.08	0.18	0.15	0.18

续表

站位 \ 年	2005	2006	2007	2008	2009	2010
H31	0. 135	0. 1	0. 05	0. 196	0. 16	0. 14
H33	0. 148	0. 1	0. 14	0. 229	0. 11	—

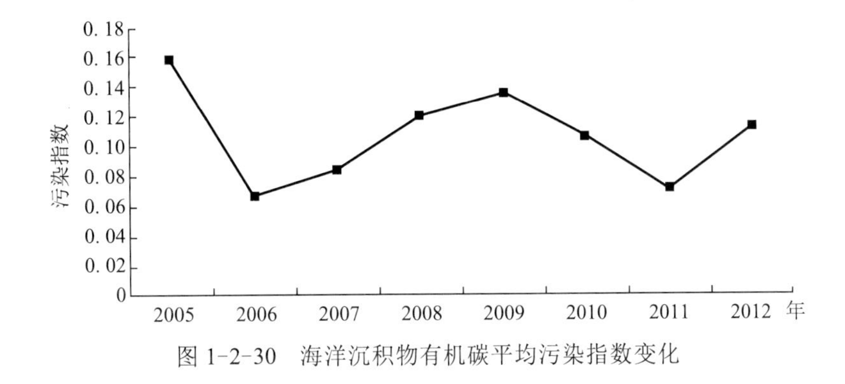

图 1-2-30　海洋沉积物有机碳平均污染指数变化

1.2.3　海洋生物状况

（1）叶绿素 a

叶绿素是浮游植物进行光合作用的主要色素，也是指示海洋中主要初级生产者浮游植物现存量的一个良好指标，同时叶绿素的含量与初级生产力有着极为密切的关系。大量研究表明，海洋中叶绿素 a 的分布主要受温度、营养盐、光照限制。

2012 年 5 月表层海水叶绿素 a 的含量变化范围在（0. 03～2. 85）μg/L 之间，平均为 0. 69 μg/L，平面分布为河口区域较高（图 1-2-31）。8 月表层海水中叶绿素 a 的含量变化范围在（0. 68～6. 82）μg/L之间，平均为3. 84 μg/L，与2011 年相比，平均值下降（图1-2-32）。

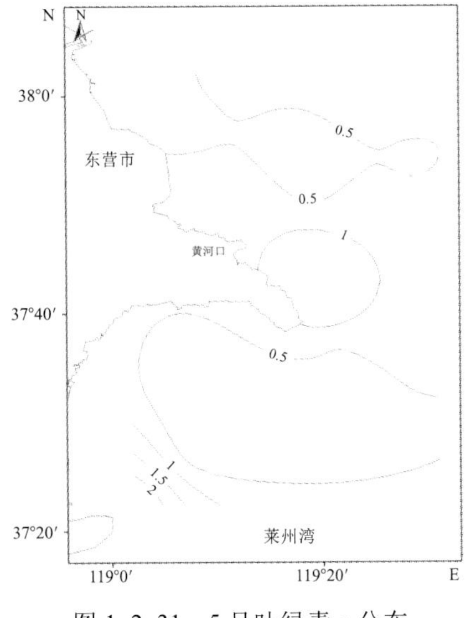

图 1-2-31　5 月叶绿素 a 分布
（单位：μg/L）

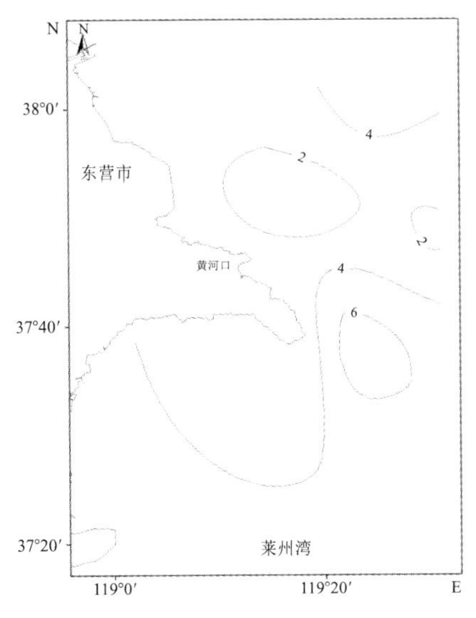

图 1-2-32　8 月叶绿素 a 分布
（单位：μg/L）

从图 1-2-33 中可以看出，黄河口海域 2004～2008 年 5 月表层海水叶绿素 a 含量呈明显升高趋势，但 2011 年和 2012 年呈现明显下降。2004～2011 年 8 月表层海水中叶绿素 a 含量总体呈下降趋势，但 2012 年 8 月表层海水中叶绿素 a 含量增加。

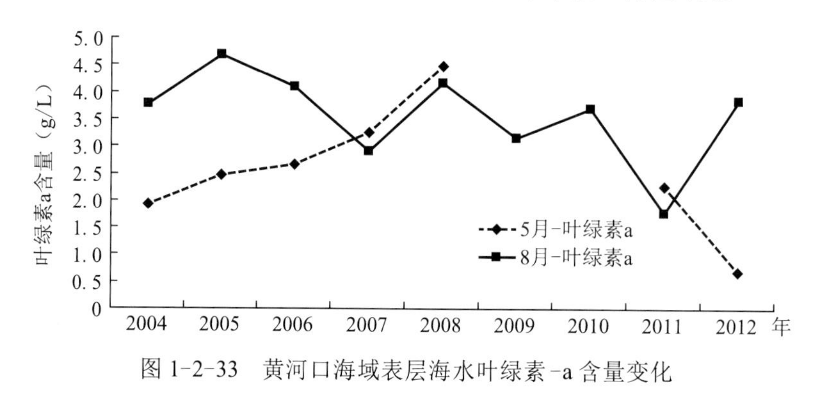

图 1-2-33　黄河口海域表层海水叶绿素-a 含量变化

（2）浮游植物

浮游植物作为海洋食物链的初级生产者，吸收海水中的营养物质，通过光能合成有机质，是海洋中将无机元素转变成有机能量的主要载体。浮游植物的种类与数量分布，除与水温、海水盐度、水动力环境等物理性因子密切相关外，还明显受到海水中营养盐浓度水平等化学因子的制约。

① 种类组成。

2012 年 5 月网样共获得浮游植物 34 种，隶属于硅藻、甲藻、金藻 3 个门，其中硅藻 29 种、甲藻 4 种、金藻 1 种。8 月网样共获得浮游植物 76 种，隶属于硅藻、甲藻、金藻 3 个门，其中硅藻 59 种、甲藻 16 种、金藻 1 种。

② 细胞数量的平面分布。

2012 年 5 月各站位网样的细胞数量波动范围在（3. 6～1 574）$\times 10^4$ 个 cell/m^3 之间，平均为 2. 42$\times 10^6$ 个 cell/m^3，有 6 个站的细胞数量超过平均值。平面分布表现为莱州湾西北部最高，有由河口向西北海域逐渐增加的趋势（图 1-2-34）。8 月各站位网样的细胞数量波动范围在（49. 3～28 748）$\times 10^4$ 个 cell/m^3 之间，平均为 3. 525$\times 10^7$ 个 cell/m^3，有 3 个站的细胞数量超过平均值。平面分布表现为莱州湾西北部海域较高（图 1-2-35）。

③ 优势种。

2012 年 5 月浮游植物网样在细胞数量上占绝对优势的种类为斯氏根管藻（*Rhizosolenia stolterfothii* Peragallo）和具槽帕拉藻［*paralia sulcata*（Ehrenberg）Cleve］，其细胞数量分别占总细胞数量总数的 66. 8% 和 14. 5%。8 月浮游植物网样在细胞数量上占绝对优势的种类为垂缘角毛藻（*Chaetoceros laciniosus Schutt*）和中肋骨条藻（*Skeletonema costatum* Cleve），其细胞数量分别占总细胞数量的 20. 7% 和 18. 7%。

④ 变化趋势分析。

除 2006 年出现波动外，自 2007 年开始基本上呈升高趋势（图 1-2-36）。2006 年浮游植物平均细胞数量较往年增加了 6 倍，可能与海域内高浓度的硅酸盐和无机氮密切相关，丰富的硅酸盐和无机氮不仅造成硅藻的种类数增加，而且大量繁殖，从而导致了浮游植物细胞数量较往年大幅度增加。

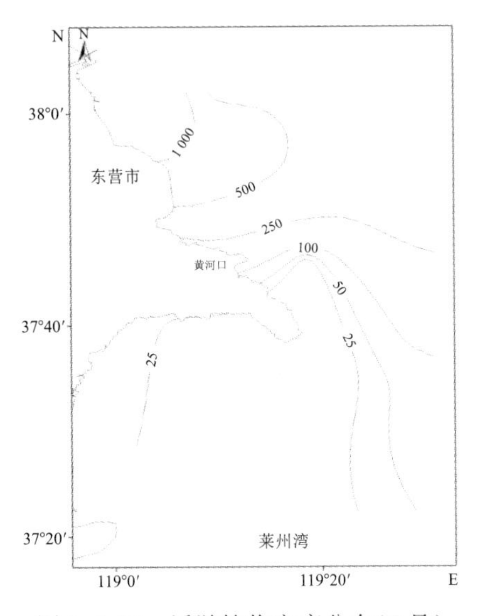

图 1-2-34 浮游植物密度分布(5 月)
(单位:10^4 个 /m^3)

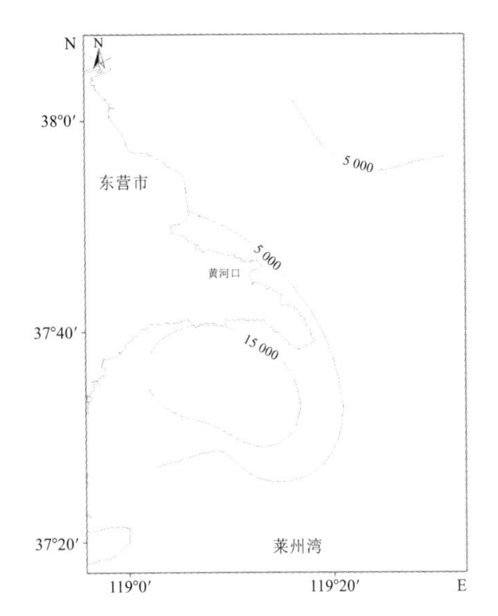

图 1-2-35 浮游植物密度分布(8 月)
(单位:10^4 个 /m^3)

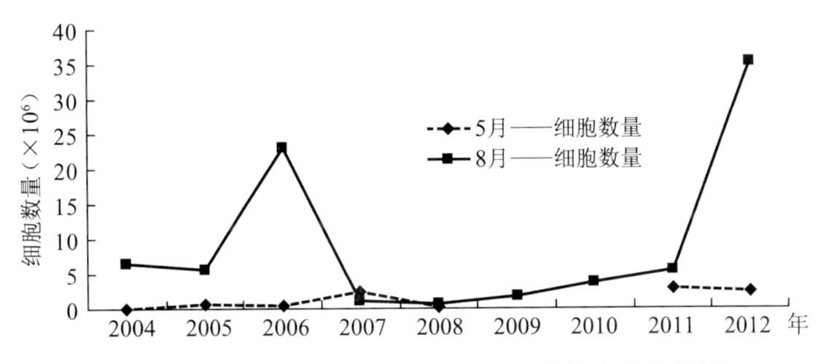

图 1-2-36 黄河口海域浮游植物细胞数量变化趋势图

(3)浮游动物

① 种类组成。

2012 年 5 月共出现 25 种,分别为原生动物 1 种,甲壳动物 14 种(其中桡足类 10 种、端足类 1 种、涟虫类 1 种、糠虾类 2 种),毛颚动物 1 种,浮游幼虫幼体 9 种(包括鱼卵和仔鱼)(详见浮游动物种名录)。8 月共出现 32 种,分别为原生动物 1 种,甲壳动物 17 种(其中桡足类 13 种、端足类 1 种、糠虾类 1 种、十足类 2 种),毛颚动物 1 种,被囊类 1 种,浮游幼虫幼体 12 种(包括鱼卵和仔鱼)(详见浮游动物种名录)。黄河口浮游动物大多属于暖温带近岸类群,桡足类和浮游动物幼虫是其最主要的组成类群。

② 生物密度平面分布。

a. 大中型浮游动物。

根据使用浅水Ⅰ型浮游生物网采集的大中型浮游动物样品分析结果,2012 年 5 月黄河口海域浮游动物各站的平均生物密度为 231.1 个 /m^3,各站之间生物密度的波动范围在(67.4～551.5)个 /m^3 之间。密度平面分布呈现河口近岸海域高、远岸海域低的趋势(图 1-2-37),最高值出现在位于河口南侧的 H18 号站,最低值出现在位于河口东北部远岸的 H04 站。8 月黄河口海域大中型浮游动物生物密度低于 5 月,各站平均密度为 96.6 个 /m^3,

波动范围在(2.6～316.0)个/m³之间。密度平面分布以河口附近海域为最高，另外河口南部海域要高于河口北部海域(图1-2-38)。密度最高值出现在位于河口东南部海域的H12号站，最低值出现在H19和H15站。

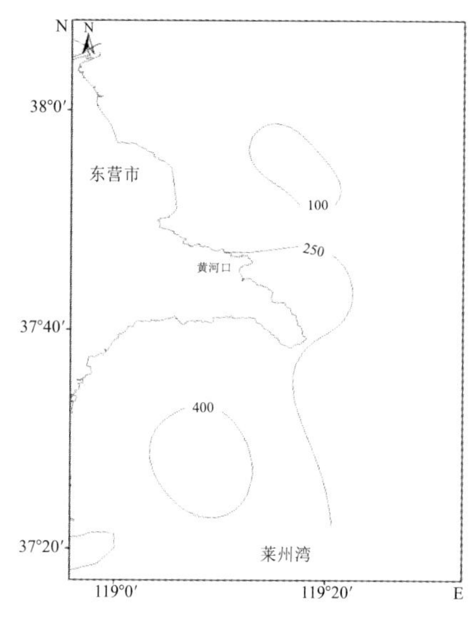

图1-2-37 5月黄河口海域大型浮游动物密度分布(单位：个/m³)

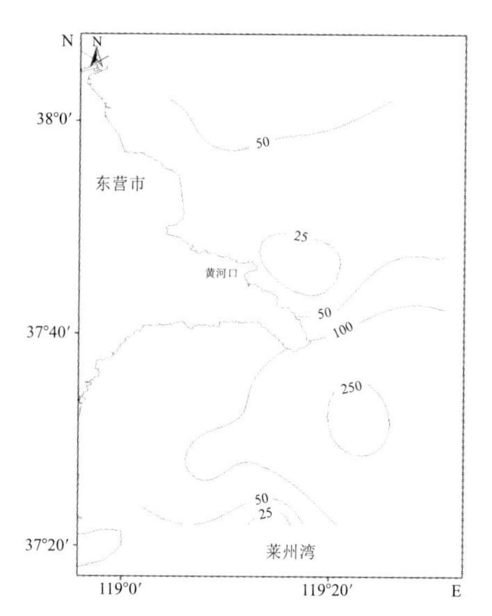

图1-2-38 8月黄河口海域大型浮游动物密度分布(单位：个/m³)

b. 中小型浮游动物。

2012年5月黄河口海域浮游动物各站的平均生物密度为33 721.1个/m³，各站之间生物密度的波动范围在(6 000.0～73 090.9)个/m³之间。密度平面分布与浅水Ⅰ型网采集的大中型浮游动物的分布格局不同，呈现河口远岸海域高、近岸海域低的分布趋势，另外河口北部海域密度高于南部海域(图1-2-39)；最高值出现在位于河口东部远岸海域的H08号站，最低值出现在位于河口北部近岸的H15站。8月黄河口海域中小型浮游动物的生物密度低于5月，各站平均密度为14 857.0个/m³，波动范围在(62.5～66 057.0)个/m³之间。密度平面分布呈现河口远岸海域高、近岸海域低的趋势(图1-2-40)。最高值出现在位于河口东部远岸海域的H10号站，最低值出现在位于河口南部海域的H19站。

③ 生物量平面分布。

根据浅水Ⅰ型网采集的大中型浮游动物样品称量获得浮游动物生物量。2012年5月黄河口海域浮游动物各站的平均生物量为377.7 mg/m³，各站之间生物量的波动范围在(75.0～1 536.4)mg/m³之间。生物量平面分布趋势与生物密度并不完全一致，呈现河口北部海域高、南部海域低的趋势(图1-2-41)。最高值出现在位于河口北部海域的H06号站，最低值出现在位于河口南部远岸的H20号站。8月黄河口海域大中型浮游动物生物量明显低于5月，各站平均值为83.4 mg/m³，波动范围在(20.0～210.0)mg/m³之间；生物量平面分布以河口南部海域高、北部海域低(图1-2-42)。最高值出现在位于河口南部海域的H16号站，最低值出现在位于河口北部海域的H15号站。

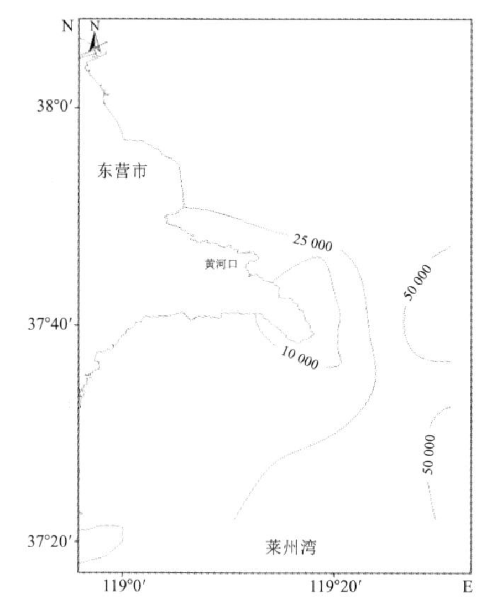

图 1-2-39 5 月黄河口海域中小型浮游动物密度分布(单位:个/m^3)

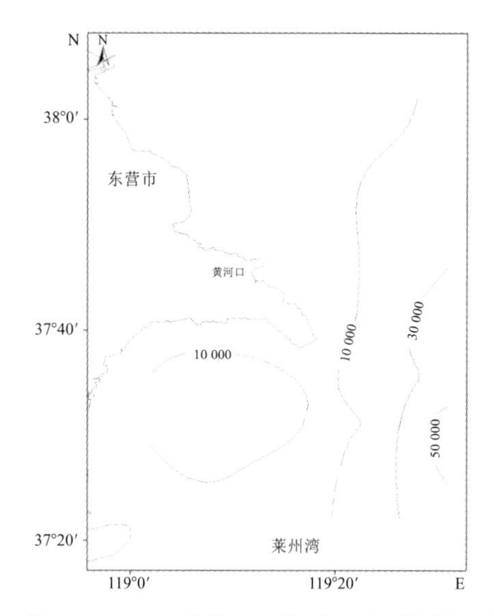

图 1-2-40 8 月黄河口海域中小型浮游动物密度分布(单位:个/m^3)

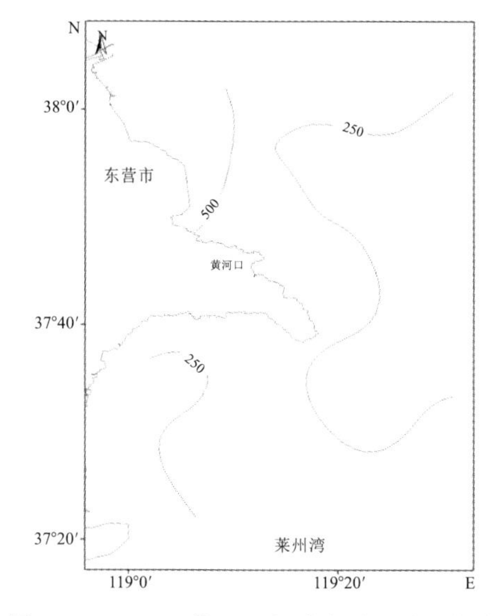

图 1-2-41 5 月黄河口海域大型浮游动物生物量分布(单位:mg/m^3)

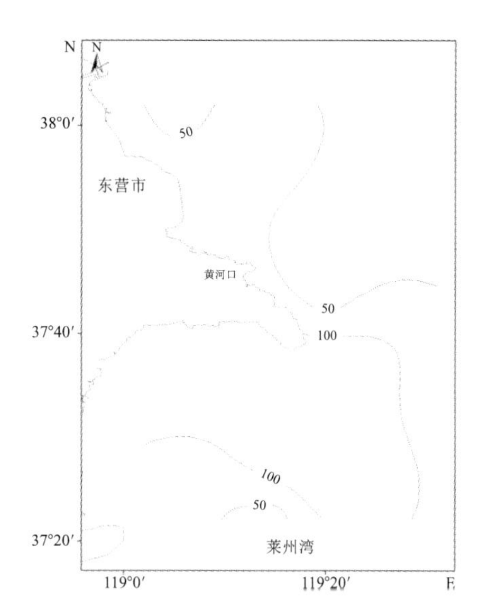

图 1-2-42 8 月黄河口海域大型浮游动物生物量分布(单位:mg/m^3)

④ 优势种。

a. 大中型浮游动物。

由表 1-2-4 可知,2012 年 5 月黄河口海域大中型浮游动物最主要的优势种为强壮箭虫(*Sagitta crassa*),其个体数量占总数量的 45.5%;其他优势种包括长尾类幼虫(Macrura larva)、真刺唇角水蚤(*Labidocera euchaeta*)和中华哲水蚤(*Calanus sinicus*),其个体数量分别占总数量的 14.1%,7.9%和 8.1%。强壮箭虫和真刺唇角水蚤的密度高值区位于河口邻近海域,长尾类幼体和中华哲水蚤在河口北海海域的数量较高。8 月黄河口海域大中型浮游动物的优势种包括背针胸刺水蚤(*Centropages dorsispinatus*)、强壮箭虫、长尾类幼虫和真刺唇角水蚤，其个体数量分别占总数量的39.9%，38.8%，6.4%和5.3%。背针胸刺水蚤和强壮箭虫的优势度比较高，其高密度区都分布在河口东南部外海；长尾类幼虫和真刺唇角水蚤在黄河口海域分布较均匀，没有明显的高值区。

表1-2-4　大中型浮游动物优势种

生物种中文名	2012年5月			2012年8月		
	优势度	平均密度（个/m³）	出现频率（%）	优势度	平均密度（个/m³）	出现频率（%）
中华哲水蚤	0.06	18.8	70.6	<0.01	0.4	30.0
背针胸刺水蚤	<0.01	0.2	29.4	0.36	38.5	90.0
真刺唇角水蚤	0.06	18.2	76.5	0.04	5.2	65.0
强壮箭虫	0.46	105.1	100	0.33	37.4	85.0
长尾类幼虫	0.14	32.5	100	0.05	6.2	85.0

注：粗体表示为该月份的优势种

b. 中小型浮游动物。

由表1-2-5可知，2012年5月黄河口海域中小型浮游动物中，以双刺纺锤水蚤（*Acartia bifilosa*）占绝对优势，个体数量占总数量的91.8%。双刺纺锤水蚤的高密度区主要分布在河口北部和东部外海海域。8月黄河口海域中小型浮游动物的优势种包括夜光虫（*Noctiluca scintillans*）、双刺纺锤水蚤（*Acartia bifilosa*）、小拟哲水蚤（*Paracalanus parvus*）和双壳类幼虫（Bivalvia larva），其个体数量分别占总数量的60.9%、21.0%、4.8%和3.5%。夜光虫集中分布于河口的东部外海，河口北部海域也有少量分布，河口近岸和南部海域无夜光虫。双刺纺锤水蚤主要分布于河口南部海域，河口北部和东部外海基本无分布。小拟哲水蚤和双壳类幼虫主要分布于河口北部和东部外海，南部海域数量很少。

表1-2-5　中小型浮游动物优势种

生物种中文名	2012年5月			2012年8月		
	优势度	平均密度（个/m³）	出现频率（%）	优势度	平均密度（个/m³）	出现频率（%）
夜光虫	0.02	1266.0	47.1	0.31	9051.2	50.0
小拟哲水蚤	<0.01	127.4	35.3	0.03	718.1	70.0
双刺纺锤水蚤	0.92	30969.3	100	0.11	3113.2	50.0
双壳类幼虫	<0.01	139.1	29.4	0.02	520.1	60.0

注：粗体表示为该月份的优势种

⑤ 优势种类变化。

由图1-2-43可知，浮游动物生物量在2005～2007年8月均呈明显增加趋势，个体数量呈下降趋势。2007～2011年8月，生物量呈降低的趋势，但生物密度呈增加趋势，主要为出现大量小拟哲水蚤和双刺纺缍水蚤所致。

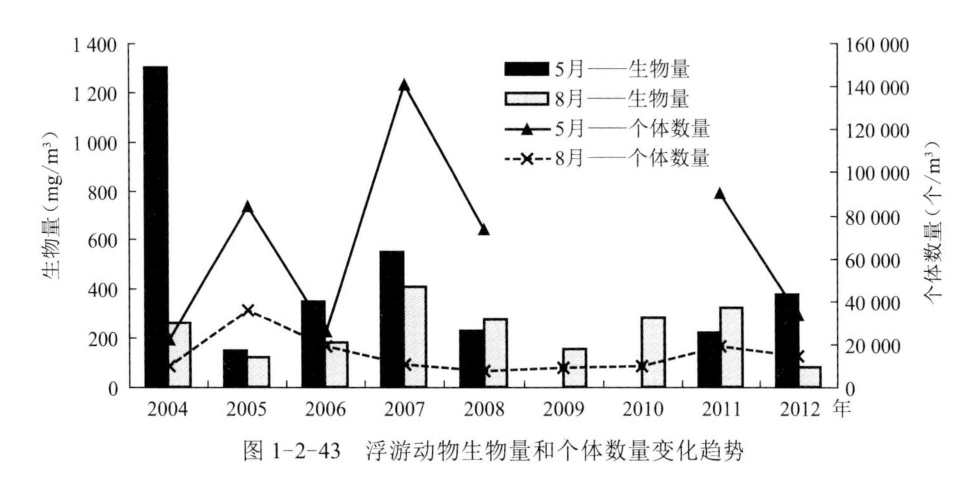

图 1-2-43 浮游动物生物量和个体数量变化趋势

（4）鱼卵与仔鱼

① 种类组成。

2012 年 5 月共采集到鱼卵 2 种，为鲈鱼（*Lateolobrax japonicus*）和蓝点马鲛（*Scombe-romorus niphonius*）；仔稚鱼鉴定出 2 种，为鲈鱼和尖尾鰕虎鱼（*Chaeturichthys stigmatias*）。鱼卵和仔鱼的种类较 2011 年减少。

② 数量及分布。

黄河口海域共 13 个站位，只有 4 个站位出现鱼卵，分别为位于河口北侧的 H14、H16、H17 和 H18 号站，鱼卵密度变化范围在（0. 011～0. 017）ind/m^{3}之间，平均为 0. 004 ind/m^3。黄河口海域 13 个站位均有仔稚鱼出现，其生物密度变化范围在（0. 006～0. 056）ind/m^{3}之间，平均为 0. 024 ind/m^3。河口北部海域仔稚鱼的密度稍高于南部海域。

（5）底栖生物

① 种类组成。

2012 年黄河口海域共出现底栖生物 79 种，5 月份共出现 46 种生物，8 月份出现 58 种生物（见生物种名录），其中寡节甘吻沙蚕（*Glycinde gurjanovae Uschakov et Wu*）和江户明樱蛤［*Moerella jedoensis*（Lischke）］是出现密度最高的 2 个种类。5 月黄河口海域共出现底栖生物 46 种，隶属于纽形、软体、环节、节肢、棘皮和脊椎 6 个动物门，其中多毛类 18 种，棘皮动物 2 种，甲壳类 12 种，纽形动物 1 种，软体动物 12 种，鱼类 1 种；多毛类出现的种类数最多，占底栖生物种类组成的 39. 1%；软体动物与甲壳类均占 26. 1%；其余种类所占比例较小。其中寡节甘吻沙蚕（*Glycinde gurjanovae Uschakov et Wu*）和金氏真蛇尾（*Pphiura kinbergi Ljungman*）是出现密度最高的 2 个种类。8 月黄河口海域共出现底栖生物 58 种，隶属于纽形、软体、环节、节肢、棘皮和脊椎 6 个动物门，其中多毛类 27 种，甲壳类 16 种，软体动物 11 种，纽形动物 1 种，棘皮动物 2 种，鱼类 1 种；多毛类出现的种类数最多，占底栖生物种类组成的 46. 6%；甲壳动物次之，占 27. 6%、软体类第三，占 19. 0%；其余种类所占比例较小。其中江户明樱蛤［*Moerella jedoensis*（*Lischke*）］和曲强真节虫（*Euclymene lombricoides*）是出现密度最高的 2 个种类。

② 生物量及生物密度。

2012 年 5 月黄河口海域底栖生物生物量变化范围在（0～11. 13）g/m^{2}之间，平均为 3. 71 g/m^2。生物量以 H20 站最高，H16 站最低，总体分布趋势为河口南部区域较低（图

1-2-44)，与2011年基本一致。生物量组成中以软体动物最高，平均为1. 74 g/m^2，占总生物量的47. 0%；多毛类次之，平均为0. 83 g/m^2，占总生物量的22. 3%。5月黄河口海域底栖生物栖息密度变化范围在（0～175）个/m^{2}之间，平均为67. 2个/m^2，其中H3站最高，H16站最低，生物密度的总体分布趋势为莱州湾海域较高（图1-2-45）。密度组成以多毛类动物最高，平均为31. 7个/平方米，占总密度的47. 2%；甲壳动物次之，为15. 9个/平方米，占23. 6%。8月黄河口海域底栖生物生物量变化范围在（0～24. 7）g/m^{2}之间，平均为4. 64 g/m^2。生物量以H02站最高，H19、H20站最低，总体分布趋势为河口南部区域略高（图1-2-46）。生物量组成中以鱼类最高，平均为1. 89 g/m^2，占总生物量的40. 1%；甲壳动物次之，平均为1. 15 g/m^2，占总生物量的24. 8%。8月黄河口海域底栖生物栖息密度变化范围在（0～175）个/平方米之间，平均为62. 8个/平方米，其中H09站最高，H19、H20站最低，生物密度的总体分布趋势为河口南部区域略低（图1-2-47）。密度组成以多毛类动物最高，平均为30个/平方米，占总密度的47. 8%；软体类动物次之，为14. 3个/平方米，占22. 7%。

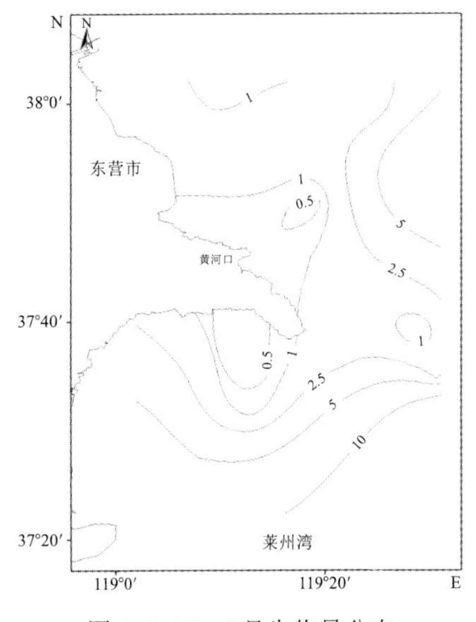

图1-2-44　5月生物量分布

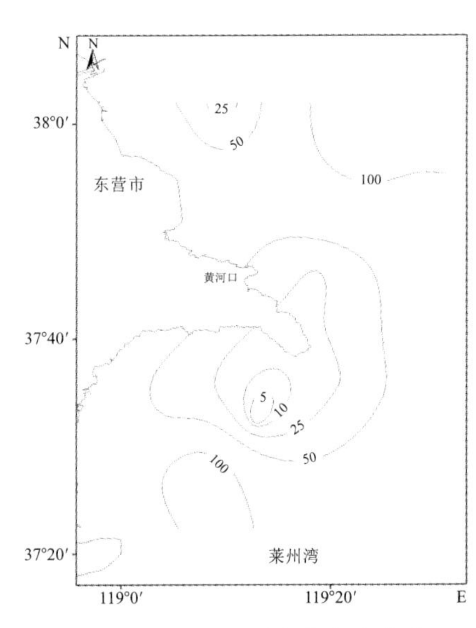

图1-2-45　5月生物密度分布

③ 底栖生物指数分析。

黄河口海域5月和8月底栖生物的各种指数计算结果如表1-2-6和表1-2-7所示。从表1-2-8中可以看出，5月有7个站位的种类多样性指数H'在3左右，而且均匀度、丰度较高，说明这些站位大型底栖生物群落结构状况较好，而有5个站位的多样性指数H'均小于2，而且均匀度、丰度较低，说明这些站位的大型底栖生物群落结构状况较差。总体来看，种类多样性指数H'均值大于2而小于3，表明监控海域内大型底栖生物群落结构状况处于一般状况。从表1-2-9中可以看出，8月有4个站位的种类多样性指数H'在3左右，而且均匀度、丰度较高，说明这些站位大型底栖生物群落结构状况较好，而有9个站位的多样性指数H'均小于2，而且均匀度、丰度较低，说明这些站位的大型底栖生物群落结构状况较差。总体来看，种类多样性指数H'均值小于2，表明监控海域内大型底栖生物群落结构状况较差。

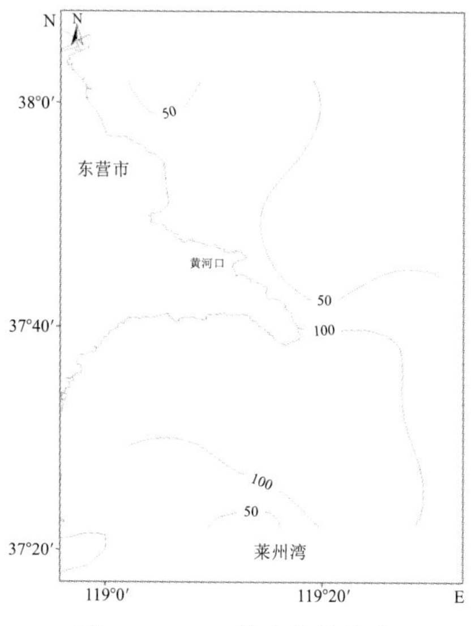

图 1-2-46　8 月生物量分布

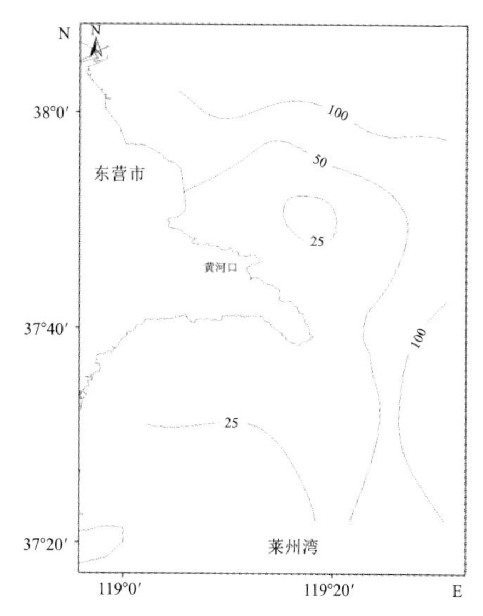

图 1-2-47　8 月生物密度分布

表 1-2-6　5 月底栖生物指数特征

站号	种数	密度	丰度	均匀度	多样性指数 H'
H01	8	60	1. 71	0. 97	2. 92
H02	2	10	0. 43	1. 00	1. 00
H03	13	175	2. 32	0. 80	2. 98
H04	13	75	2. 78	0. 97	3. 59
H05	6	65	1. 20	0. 85	2. 19
H06	11	70	2. 35	0. 98	3. 38
H07	10	120	1. 88	0. 91	3. 01
H08	7	80	1. 37	0. 88	2. 48
H09	8	60	1. 71	0. 93	2. 79
H10	11	100	2. 17	0. 93	3. 20
H13	3	27	0. 61	0. 96	1. 52
H14	4	28	0. 90	1. 00	2. 00
H15	3	21	0. 66	1. 00	1. 58
H16	0	0			0. 00
H17	5	35	1. 13	1. 00	2. 32
H18	13	142	2. 42	0. 93	3. 45
H20	5	75	0. 93	0. 73	1. 70

表 1-2-7　8 月底栖生物指数特征

站号	种数	密度	丰度	均匀度	多样性指数 H'
H01	9	80	1. 83	0. 92	2. 91
H02	17	145	3. 21	0. 85	3. 48

续表

站号	种数	密度	丰度	均匀度	多样性指数 H'
H03	13	125	2.49	0.92	3.40
H04	8	60	1.71	0.95	2.86
H05	4	20	1.00	1.00	2.00
H06	5	35	1.13	0.92	2.13
H07	7	60	1.47	0.92	2.58
H08	9	115	1.69	0.77	2.43
H09	9	175	1.55	0.83	2.63
H10	17	135	3.26	0.92	3.75
H11	5	70	0.94	0.92	2.13
H12	4	70	0.71	0.92	1.84
H13	1	10	0.00		0.00
H14	3	40	0.54	0.95	1.50
H15	2	30	0.29	0.92	0.92
H16	3	30	0.59	1.00	1.58
H17	3	40	0.54	0.95	1.50
H18	1	10	0.00	1.00	0.00

④ 变化趋势分析。

由图 1-2-48 可知，黄河口海域 2007～2010 年大型底栖生物生物量呈下降趋势，而生物密度方面，2004～2008 年 8 月大型底栖生物的栖息密度均呈下降趋势，但 2010 年又大幅度升高，处于不稳定状态，主要由大量的紫壳阿文蛤和西方似蛰虫所致。

由图 1-2-49 可知，2004～2009 年 8 月的生物多样性指数 $H¢$ 变化趋势基本一致，总体呈降低趋势，而 2010 年监控海域内生物多样性指数明显升高，出现波动，随之下降。

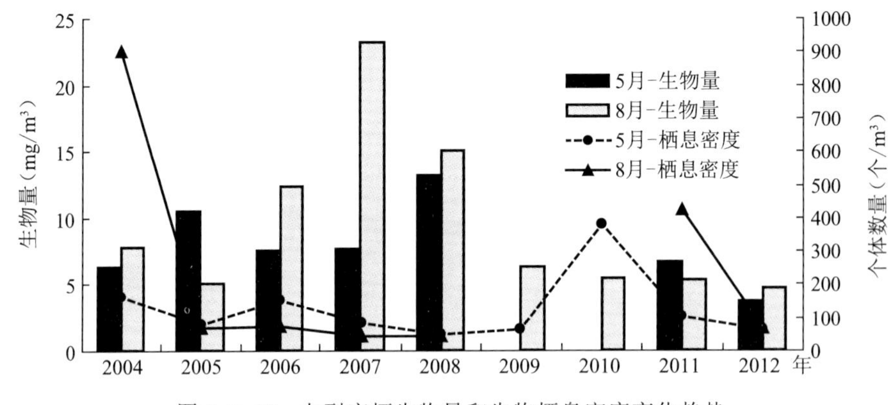

图 1-2-48　大型底栖生物量和生物栖息密度变化趋势

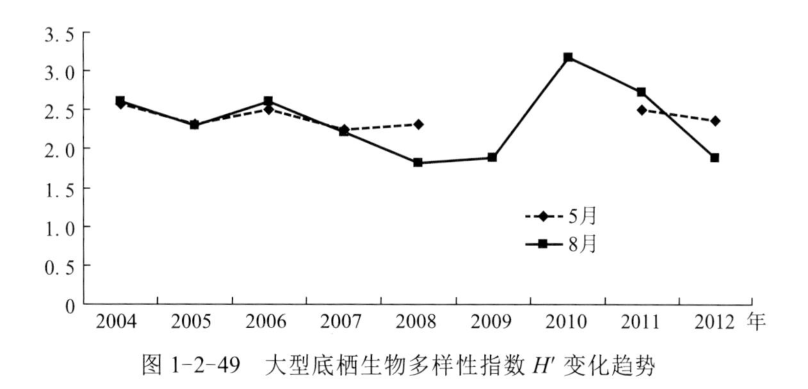

图 1-2-49　大型底栖生物多样性指数 H' 变化趋势

表 1-2-8　2012 年黄河口海域浮游植物种名录

中文名	拉丁文	5 月	8 月
柏氏角管藻	*Cerataulina bergoni* Peragallo		√
扁面角毛藻	*Chaetoceros compressus* Lauder	√	√
扁形多甲藻	*Peridinium depressum* Baileg		√
波状石鼓藻	*Lithodesmium undulatum* Ehrenberg		√
布氏双尾藻	*Ditylum brightwellii* (West) Grunow	√	√
布纹藻	*Gyrosigma* sp.		√
叉角藻	*Ceratium furca* v.berghii		√
长菱形藻	*Nitzschia longissima* (Breb.) Ralfs	√	√
垂缘角毛藻	*Chaetoceros laciniosus* Schutt		√
粗纹藻	*Trachyneis* sp.	√	√
丹麦细柱藻	*Leptocylindrus danicus* Cleve		√
地中海指管藻	*Dactyliosolen mediterraneus* Peragallo		√
多甲藻	*Peridinium* sp.	√	√
佛氏海线藻	*Thalassionema frauenfeldii* (Grunow) Grunow	√	√
浮动弯角藻	*Eucampia zoodiacus* Ehrenberg		√
刚毛根管藻	*Rhizosolenia setigera* Brightwell	√	√
格氏圆筛藻	*Coscinodiscus granii* Gough		√
光甲多甲藻	*Peridinium pellucidum*		√
海链藻	*Thalassiosira* sp.		√
海洋斜纹藻	*Pleurosigma pelagicum*		√
红色裸甲藻	*Gymnodinium sanguineum* Hirasaka		√
虹彩圆筛藻	*Coscinodiscus oculus-iridis* Ehrenberg		√
灰甲多甲藻	*Peridinium pellucidum*		√
活动盒形藻	*Biddulphia mobiliensis* Grunow		√
假弯角毛藻	*Chaetoceros pseudocurvisetus* Margin		√
尖刺伪菱形藻	*Pseudo-nitzschia pungens* Hasle	√	√

续表

中文名	拉丁文	5月	8月
角海链藻	*Thalassiosira angulata*		√
角毛藻	*Chaetoceros* spp.	√	√
具槽帕拉藻	*paralia sulcata* (Ehrenberg) Cleve	√	
具槽帕拉藻	*paralia sulcata* (Ehrenberg) Cleve		√
具指膝沟藻	*Gonyaulax digitale* Grunow		√
卡氏角毛藻	*Chaetoceros castracanei* karsten	√	√
宽阔多甲藻	*Peridinium latissimum* Kofoid	√	
劳氏角毛藻	*Chaetoceros lorenzianus* Grunow		√
里昂多甲藻	*Peridinium leonis*	√	√
链状亚历山大藻	*Alexandrium catenella* Balech		√
菱形海线藻	*Thalassionema nitzschioides* Grunow		√
龙骨藻	*Tropidoneis* sp.	√	
洛氏菱形藻	*Nitzschia lorenziana* Grunow	√	√
美丽斜纹藻	*Pleurosigma formosum* W.Smith	√	
冕孢角毛藻	*Chaetoceros subsecundus* Hustedt		√
膜状舟形藻	*Navicula membranacea* Cleve		√
扭鞘藻	*Streptotheca thamesis* Schrubsole	√	√
扭鞘藻	*Streptotheca thamesis* Schrubsole		
奇异角毛藻	*Chaetoceros paradoxus* Cleve	√	√
奇异角毛藻	*Chaetoceros paradoxus* Cleve		
柔弱根管藻	*Rhizosolenia delicatula* Cleve	√	√
柔弱角毛藻	*Chaetoceros debilis* Cleve		√
柔弱菱形藻	*Nitzschia delicatissma* Cleve		√
三角角藻	*Ceratium tripos* (Muller) Nitzsch	√	√
三舌辐裥藻	*Actinoptychus trilingulatus* Brightwell		√
双孢角毛藻	*Chaetoceros didymus* Ehrenberg		√
双壁藻	*Diploneis* sp.		√
斯氏扁甲藻	*Pyrophacus steinii*		√
斯氏根管藻	*Rhizosolenia stolterfothii* Peragallo	√	√
梭角藻	*Ceratium fusus Schutii* (Her.) Dujardin	√	√
太平洋海链藻	*Thalassiosira pacifica*	√	√
条文小环藻	*Cyclotella striata* Grounow		√
透明辐杆藻	*Bacteriastrum hyalinum* Lauder	√	√
威氏圆筛藻	*Coscinodiscus wailesii* Gran & Angst		√
微小原甲藻	*Prorocentrum minimum*	√	

续表

中文名	拉丁文	5月	8月
五角多甲藻	*Peridinium pentagonum* Gran	√	√
细弱海链藻	*Thalassiosira subtilis* Gran		√
相似斜纹藻	*Pleurosigma affine* Grunow	√	√
相似斜纹藻	*Pleurosigma affine* Grunow	√	√
小等刺硅边藻	*Dictyocha fibula* Ehrenberg		√
小角角藻	*Ceratium kofoid* Jorgensen		√
斜纹藻	*Pleurosigma* sp.	√	√
旋链角毛藻	*Chaetoceros curvisetus* Cleve	√	√
夜光藻	*Noctiluca scintillans* Swerzy	√	√
异常角毛藻	*Chaetoceros abnormis* Pr-Laur		√
翼茧形藻	*Amphiprora alata* Kutzing	√	
印度翼根管藻	*Rhizosolenia alata* f.indica Hustedt	√	
印度翼根管藻	*Rhizosolenia alata* f.indica Hustedt		√
优美旭氏藻	Schroederella delicatula		√
有棘圆筛藻	*Coscinodiscus spinosus* Chin,sp.nov		√
有翼圆筛	*Coscinodiscus bipartitus* Rattray		√
圆海链藻	*Thalassiosira rotula* Meunier		√
圆筛藻	*Coscinodiscus* sp.	√	√
圆柱角毛藻	*Chaetoceros teres* Cleeve	√	
远距角毛藻	*Chaetoceros distans* Cleve		√
窄脚多甲藻	*Peridinium claudicans* Paulsen	√	√
窄隙角毛藻	*Chaetoceros affinis* Lauder		√
中华半管藻	*Hemiaulus sinensis* Greville	√	
中华齿状藻	*Odontella sinensis* (Greville) Grunow	√	√
中肋骨条藻	*Skeletonema costatum* Cleve	√	√
舟形藻	*Navicula* sp.	√	√

表 1-2-9　2012 年黄河口海域浮游动物种名录

中文名	拉丁文	5月	8月
背针胸刺水蚤	*Centropages dorsispinatus* Thompson & Scott	√	√
长腹剑水蚤	*Oithouna* sp.	√	√
长尾类幼虫	*Macruran* larva	√	√
磁蟹幼虫	*Porcellana* larva		√
刺糠虾	*Acanthomysis* sp.	√	√
短尾类大眼幼虫	*Megalopa* larva		√

续表

中文名	拉丁文	5月	8月
短尾类蚤状幼虫	*Brachyura* larva	√	√
多毛类幼体	*Polychaeta* larva	√	√
腹足类幼虫	*Gastropoda* larva	√	√
钩虾	Gammaridea	√	√
海洋伪镖水蚤	*Pseudodiaptomus marinus* Sato		√
角水蚤属	*Pontella* sp.		√
近缘大眼剑水蚤	*Corycaeus affinis* Mcmurrichi	√	√
口足类幼虫	*Alima* larva	√	√
刺尾歪水蚤	*Tortanus spimicaudatus* Shen & Bai	√	√
墨氏胸刺水蚤	*Centropages mcmurrichi* Willey	√	
强壮箭虫	*Sagitta crassa* Tokioka	√	√
桡足类幼体	*Copepoda* larva	√	√
日本毛虾	*Acetes japonicus* Kishinouye		√
双壳类幼虫	*Cyphonautes* larva	√	√
双刺唇角水蚤	*Labidocera bipinnata* Tanaka	√	√
双刺纺缍水蚤	*Acartia bifilosa* Giesbrecht	√	√
太平洋纺缍水蚤	*Acartia pacifica* Steuer		√
汤氏长足水蚤	*Calanopia thompsoni* A. Scott		√
藤壶无节幼虫	*Nauplius Larva*（Balanus）		√
小拟哲水蚤	*Paracalanus parvus*（Claus）	√	√
新糠虾	Neomysis sp.	√	
夜光虫	*Noctiluca scintillans*（Macarfney）Kofoid & Swezy	√	√
鱼卵	Fish egg	√	√
针尾涟虫	*Diastylis goodsiri*	√	
真刺唇角水蚤	*Labidocera euchacta* Giesbrecht	√	√
中国毛虾	*Acetes chinensis* Hansen		√
中华哲水蚤	*Calanus sinicus* Brodsky	√	√
住囊虫属	*Oikopleura* sp.		√
仔鱼	Fish larva	√	√

表 1-2-10　2012 年黄河口海域大型底栖生物种名录

中文名	拉丁文	5月	8月
纽虫	*Amphiporus* sp.	√	√
无疣齿蚕	*Inermonephtys* cf. inermis		√
乳突半突虫	*Anaitides papillosa* Uschakov et Wu	√	√

续表

中文名	拉丁文	5月	8月
神须虫	*Mysta* sp.		√
拟特须虫	*Paralacydonia paradoza* Fauvel	√	√
强鳞虫	*Sthenolepis japonica*（McIntosh）	√	√
长吻沙蚕	*Glycera chirori* Izuka	√	√
浅古铜吻沙蚕	*Glycera subaenea*		√
寡节甘吻沙蚕	*Glycinde gurjanovae* Uschakov et Wu	√	√
中华内卷齿蚕	*Aglaophamus sinensis*		√
寡鳃齿吻沙蚕	*Nephtys oligobranchia*		√
毛齿吻沙蚕	*Nephtys ciliata*（Müller）	√	
囊叶齿吻沙蚕	Nephtys caeca（Fabricius）	√	
长锥虫	Haploscoloplos elongates		√
独指虫	Aricidea fragilis Webster		√
后指虫	Laonice cirrata		√
须鳃虫	Cirratulus sp.	√	
多丝独毛虫	Tharyx multifilis Moore	√	√
异蚓虫	Heteromastus filiforms（Claparede）	√	√
背蚓虫	Notomastus latericeus Sars	√	√
曲强真节虫	Euclymene lombricoides		√
简毛拟节虫	Praxillella gracilis		√
含糊拟刺虫	Linopherus ambigua（Monro）	√	√
双唇索沙蚕	Lumbrineris cruzensis Hartman	√	√
圆头索沙蚕	Lumbrineris inflate		√
长叶索沙蚕	Lumbrineris longiforlia（Imajima et Higuchi）	√	
丝线索沙蚕	Drilonereis filum（Claparede）	√	
不倒翁虫	Sternaspis sculata（Rennier）	√	√
孟加拉海扇虫	Pherusa cf. Bengalensis（Fauvel）	√	√
双栉虫	Ampharete acutifrons		√
梳鳃虫	Terebellides stroemii Sars	√	√
西方似蛰虫	Amaeana occidentalis		√
扁蛰虫	Loimia medusa（Savigny）		√
豆形胡桃蛤	Nucula nipponica		√
胡桃蛤	Nucula sp.	√	
江户明樱蛤	Moerella jedoensis（Lischke）	√	√
脆壳理蛤	Theora fragilis（A. Adams）	√	√
薄荚蛏	Siliqua pulchella（Dunker）	√	

续表

中文名	拉丁文	5月	8月
薄壳镜蛤	Dosinia corrugate		√
东方缝栖蛤	Hiatella orientalis		√
小类鹿眼螺	Rissoina bureri Grabau		√
扁玉螺	Neverita didyma（Roding）	√	
广大扁玉螺	Neverita ampla（Philippi）		√
纵肋织纹螺	Decorifera matusimana（Nomura）	√	√
红带织纹螺	Nassarius succinctus		√
白带三角口螺	Trigonaphera bocageana（Crosse et Debeaux）	√	
白带笋螺	Terebra（Noditerebra）dussumieri Kiener	√	
耳口露齿螺	Ringicula（Ringiculina）doliaris Gould	√	
圆筒原盒螺	Eocylichna cylindrella（A. Adams）	√	
经氏壳蛞蝓	Philine kinglipini Tchang	√	√
对称拟蚶	Arcopsis symmetrica（Reeve）	√	
细长涟虫	Iphinoe tenera Lomakina	√	
日本长尾虫	Aspeudes nipponicus Shiino	√	√
日本圆柱水虱	Cirolana japonensis Richardson		√
姜原双眼钩虾	Ampelisca miharaensis Nagata	√	
短角双眼钩虾	Ampelisca brevicornis（Costa）	√	√
轮双眼钩虾	Ampelisca cyclops Walker	√	√
长尾亮钩虾	Photis longicaudata（Bate et Westwood）	√	
弯指伊氏钩虾	Idunella curvidactyla Nagata	√	√
利尔钩虾	Lilieborgia sp.	√	
塞切尔泥钩虾	Eriopisella sechellensis（Chevreux）	√	√
极地蚤钩虾	Pontocrates altamarimus（Bata et Westwoo）	√	
日本拟脊尾水虱	Paranthura japonica		√
细螯虾	Leptochela gracilis Stimpson	√	√
日本鼓虾	Alpheus japonicus		√
东方长眼虾	Ogyrides orientalis		√
葛氏长臂虾	Palaemon gravieri（Yu）		√
伍氏蝼蛄虾	Upogebia wubsienweni Yu		√
东方新糠虾	Neomysis orientalis Ii	√	
绒毛细足蟹	Raphidopus ciliatus		√
泥脚隆背蟹	Carcinoplax vestitus		√
隆线强蟹	Eucrata crenata de Haan		√
中型三强蟹	Tritodynamia intermedia Shen		√

续表

中文名	拉丁文	5月	8月
口虾蛄	Oratosquilla oratoria		√
棘刺锚参	Protankyra bidentata		√
日本倍棘蛇尾	Amphioplus japonicus		√
滩栖阳遂足	Amphiura vadicola Matsumoto	√	
金氏真蛇尾	Pphiura kinbergi Ljungman	√	
小头栉孔虾虎鱼	Ctenotrypauchen microcephalus (Bleeker)	√	√

1.3 岸线及滨海湿地状况

受黄河径流特征不断变化、水沙环境不断改变、海洋水动力侵蚀影响及海岸工程建设等人类活动影响，黄河口海域岸线和湿地面积在不断发生变化。

1.3.1 岸线状况

利用中高分辨率卫星遥感影像，开展2000年、2005年、2008年、2010年和2012年黄河口海岸线以及滨海湿地分布的遥感动态监测。

（1）数据来源

依靠美国陆地卫星 Landsat TM 数据、“环境一号”卫星数据。其中，陆地卫星 TM 数据空间分辨率为30米，“环境一号”卫星数据空间分辨率为30米。

（2）海岸线分类系统

① 海岸线类型及遥感解译标志。

根据中国海岸类别划分和海岸物质组分的特点，将黄河口海域海岸线类型划分为：人工岸线、沙质岸线、淤泥质岸线、基岩岸线。

② 海岸线位置遥感监测方法。

由卫星影像直接获取的水陆边界线是海岸线在卫星成像时的瞬时水边线，其位置受潮汐、海岸地形等因素的影响变化很大。在参考以往关于海岸线遥感提取方法基础上，并且根据研究区域较大，所用遥感影像时相不同的特点，按照如下原则确定海岸线的空间位置：

人工海岸是由水泥和石块构筑，一般有规则的水陆分界线，例如码头、船坞等规则建筑物，在卫星影像上具有较高的光谱反射率，容易与光谱反射率很低的海水区分。因此选择人工海岸向海一侧为海岸线。

沙质海岸是由砂粒在海浪作用下堆积形成，在卫星影像上的反射率较高。自然状态的沙质海岸中会有部分沙滩在高潮线以上，并且易与水泥公路、采沙坑等在遥感影像上有较高反射率的地物混淆。将各个年度的遥感影像做对比，发现沙质岸线在影像上的变化并不明显；并且在较大区域的沙质海岸宽度差别也很大，野外观测发现部分地区沙滩宽度不及 Landsat TM 影像1个像元宽度（30米），若沿沙质海岸向陆一侧解译海岸线，则很可能包含公路等人工地物的宽度。因此选择沙质海岸的水陆分界线为海岸线。

对于已开发或面积较小的淤泥质海岸，可以选择其他地物如植被、虾池、公路等与淤泥质岸滩的分界线作为海岸线，在大潮高潮时，海水不能越过其分界线。对于无人工开发的淤泥质海岸，平均大潮高潮线以上的裸露土地与平均大潮高潮线以下的潮滩，在影像上大多会呈现色彩的差异，其分界线可以作为海岸线。

基岩海岸是海浪长期侵蚀海岸边的岬角所形成的，岬角以及直立陡崖的水陆直接相接地带可以作为基岩海岸的海岸线。

（3）技术方法

① 岸线提取。

黄河口海域岸线遥感动态监测以该海域土地利用数据为基础，利用 Arcinfo 软件提取土地利用数据的沿海界线和海涂信息，然后选取实际的海岸线，并将其分段添加海岸线类型属性。以 2000 年海岸线为本底，动态更新各期海岸线的类型属性。

② 岸线变化分析。

第一步：利用提取的岸线及所确定的研究区向陆一侧的范围数据生成各个时期的陆地面数据；

第二步：利用 Erase 模块对第一步所生成的前后两期海岸线陆地面数据进行处理，用前一期 Erase 后一期获取的是海岸线向海延伸的情况，用后一期 Erase 前一期获取的是海岸线的退缩情况。

第三步：根据所获取的岸线数据可以统计每个时期人工岸线和自然岸线的变化情况。

（4）监测结果

根据黄河口实际情况，岸线只包含人工岸线和自然岸线（淤泥质岸线）。2000 年至 2010 年间，岸线总长度、人工岸线和自然岸线均呈逐年增加趋势。岸线总长度从 2000 年的 328. 8 km 增加到 2010 年的 438. 5 km；人工岸线从 36. 1 km 增加到 44. 9 km，自然岸线从 292. 7 km 增加到 383. 6 km。2010 年至 2012 年岸线总长度、人工岸线和自然岸线长度均有大幅减少，总岸线变化速率为 −43 km/a，主要由于北部河口区人类活动导致淤泥质岸线大量较少所致，见表 1-3-1 和图 1-3-1，这一监测结果与杨建强（2014）的评价结果略有不同，主要是由于评价范围不同。

表 1-3-1　黄河口岸线变化统计

时间（年）	人工岸线（km）	淤泥质岸线（km）	岸线总长度（km）	总岸线变化速率（km/a）
2000	36. 1	292. 7	328. 8	—
2005	36. 2	348. 5	384. 7	11. 2
2008	36. 8	389. 8	426. 6	14. 0
2010	44. 9	383. 6	438. 5	6. 0
2012	40. 9	311. 6	352. 5	−43. 0

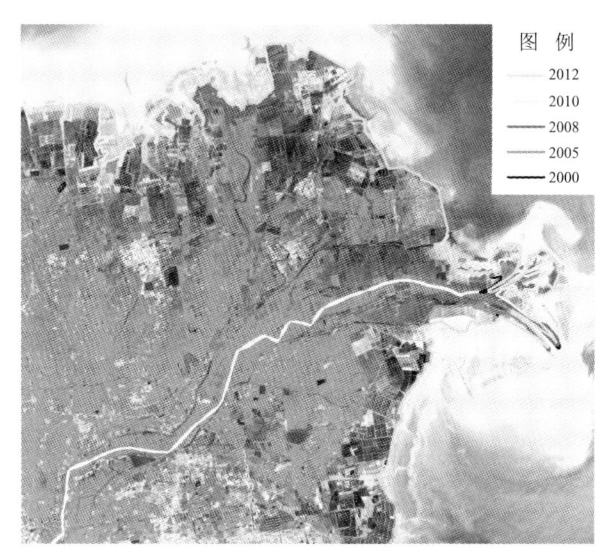

图 1-3-1　黄河口海域岸线变迁示意图

1.3.2　湿地状况

（1）滨海湿地分类

黄河口海域湿地的划分主要是应用海岸地貌学、河口生态学的理论与方法，根据该海域湿地的资源特征、为海岸带环境监测与动态评价的研究目标，结合国内外海岸带湿地的分类方案，确定该海域滨海湿地遥感分类的基本原则为：利于支持海域滨海环境动态监测及评价研究；有较强的操作性，保证最低一级的分类单元能从遥感图像上分辨出来。

依据上述分类原则，在滨海研究区将湿地分为 8 个类型。各类型编码及含义如下：

碱蓬地（11）：指生长着一年生草本植物碱蓬的碱湖周边湿地或海涂湿地；

芦苇地（12）：指生长着多年水生或湿生芦苇的池沼、河岸或沟渠湿地；

河流水面（13）：指天然形成或人工开挖的河流及主干渠常年水位的水面；

湖泊水面（14）：指天然形成的积水区常年水位的水面；

水库与坑塘（15）：指人工修建的蓄水区常年水位的水面；

海涂（16）：指沿海大潮高潮位与低潮位之间潮浸地带的湿地；

滩地（17）：指河、湖水域平水期水位与洪水期水位之间的湿地；

其他：（18）：指其他湿地，包括盐田、城市景观和娱乐水面等。

（2）技术方法

在 2008 年土地利用 / 覆盖提供的总体土地利用类型控制下，辅助采用遥感自动分类、人机交互判读分析、调查、相关资料综合分析等多重方法，实现黄河口海域滨海湿地遥感监测。在 2008 年黄河口海域滨海湿地遥感监测结果的基础上，提取 2010 年、2005 年及 2000 年前后的湿地及其湿地动态信息，既保证制图结果的总体规律性符合实际、高效率完成，又能保证较高的制图精度和结果可信度。主要技术环节可以归纳为土地利用 / 覆盖分类转换—遥感分类信息补充—野外考察验证—制作基础监测底图—制作多年期动态监测图等。

（3）监测结果

黄河口湿地总面积在2000年至2012年间整体呈增加趋势，从2000年的1 835. 5 km^{2}增加到2012年的2 104. 1 km^2，变化速率达161. 3 km^2/a。而2008年至2010年间湿地面积有较大幅度的减少，从2008年的1 968. 7 km^{2}减少至2010年的1 781. 6 km^2，主要是由于海涂面积减少；2010年至2012年湿地面积增加主要由于盐田、养殖区和海涂面积的增加，见表1-3-2和图1-3-2。这一监测结果与杨建强（2014）的评价结果略有不同，主要是由于评价范围不同所致。

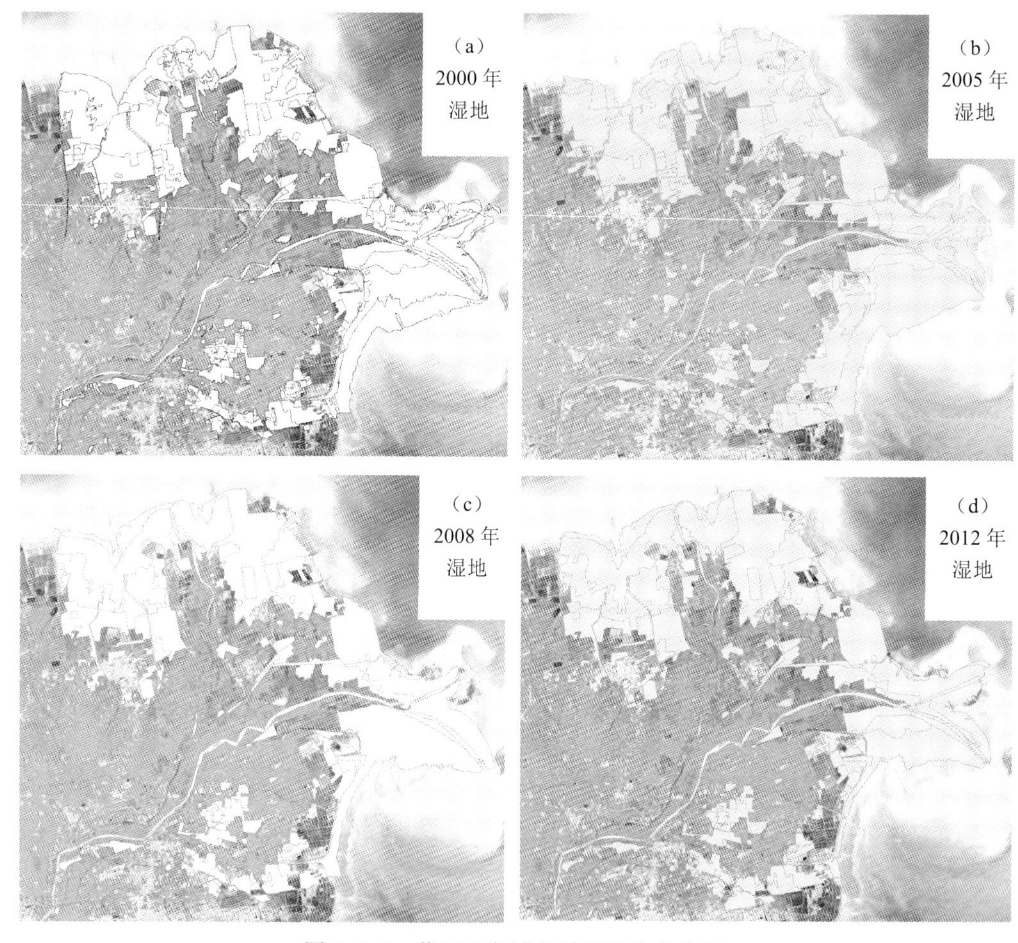

图1-3-2　黄河口海域各时期湿地分布图

表1-3-2　黄河口海域湿地面积变化统计表

时间（年）	碱蓬地（km^2）	芦苇地（km^2）	河流水面（km^2）	水库与坑塘（km^2）	海涂（km^2）	滩地（km^2）	其他（km^2）	湿地总面积（km^2）	变化速率（km^2）/a
2000	0. 2	309. 5	60. 0	143. 3	644. 7	229. 5	448. 3	1 835. 5	—
2005	0. 2	341. 4	82. 4	214. 7	518. 8	233. 3	486. 5	1 877. 3	8. 4
2008	0	563. 7	82. 4	196. 9	686. 0	78. 6	361. 1	1 968. 7	30. 5
2010	0	498. 8	80. 6	282. 2	470. 1	65. 8	384. 1	1 781. 6	−93. 6
2012	10. 3	433. 0	56. 9	483. 8	547. 9	54. 6	517. 6	2 104. 1	161. 3

1.4　海洋生态压力诊断与分析

造成黄河口海域海洋生态系统退化的原因除了自然变化外，最直接的原因还是人类活动，其退化过程由干扰强度、持续时间和规模所决定。该海域主要开发类型有：人为调控引起淡水注入量变化、污染物排放、海洋捕捞与海水养殖以及油田开发建设等。

1.4.1　黄河水入海量与污染物影响分析

河口生态系统的主要特征表现在淡水与盐水的混和，入海径流成为河口海域生态系统营养物质富集并成为重要生物栖息地的根本原因。Jassby（1995）等通过分析 San Francisco 海湾大量实地调查资料，认为河口淡水入海量与盐度梯度及相应生物种群分布和生物量具有很强的相关性，径流是河口生态状况的重要控制因素。黄河径流在黄河口和近岸海域形成的低盐区是众多海洋经济生物的产卵场和育幼场，因此，入海径流量的稳定对于维护黄河口海域生态系统平衡具有重要意义。

根据黄河利津水文站 1950～2007 年的观测资料，1950～1980 年的平均径流量 480 m×10^8 m^3，据利津水文站 1950～1998 年统计，平均径流量 350 m×10^8 m^3，年均最大 973 m×10^8 m^3，最小 16. 56 m×10^8 m^3，相差近 60 倍；1950～2001 间黄河年均径流入海量为 332. 5 m×10^8 m^3；1990～2001 年均径流入海量为 125. 4 m×10^8 m^3，仅为 1950～2001 年均入海量的 1/3 弱。而从最近的 1998～2007 年的基本相同时间来看，黄河入海径流量相差甚大。与 2002 年前相比，2003～2007 年黄河径流量较 1998～2002 年明显增大，2003～2006 年径流量基本基本呈递增趋势（图 1-4-1），而 2007～2009 年呈降低趋势，而 2011～2012 年增加，由 2011 年的 178. 7 亿立方米增加到 2012 年的 276. 9 亿立方米。黄河入海径流量的锐减直接导致了黄河口海域盐度的持续升高及黄河口海域低盐区面积的减少，这对于海洋生物的生存和分布造成了不利影响。肖纯超（2012）通过对 2004～2009 年丰、枯水期黄河口近岸海域低盐区面积大小的分析，建立了低盐区面积与黄河径流量的关系，结果表明年内黄河口低盐区面积的较大值主要集中在 6～11 月份，均高于 370 km^2，这一时期的平均低盐区面积比全年平均值高出 50%左右；其他月份低盐区面积普遍较小，3 月份最小，仅为 126. 5 km^2，而 4～6 月份作为黄河口鱼虾等生物重要的繁殖期，需要保证足够的低盐区栖息地环境，而近些年 4、5 月份的低盐区面积却不足 200 km^2，为此，需要合理调配黄河来水，保证鱼虾繁衍，维持良好的河口生态环境。

在污染物入海量方面，2006～2012 年，每年黄河入海污染物（营养盐、COD、重金属、砷等）总量在（18. 9～72. 9）万吨之间，总体上呈降低趋势（图 1-4-2）。其中，2006 年～2011 年，黄河入海营养盐（氨氮、总磷）在（0. 465～5. 737）万吨之间，总体上呈降低趋势。其中，2008 年后营养盐入海量大幅度下降，2008 年营养盐入海量为 2. 9 万吨（氨氮 2. 3 万吨、总磷 0. 6 万吨）；2009 年营养盐入海量为 1. 276 6 万吨（氨氮 7 193 吨，总磷 5 573 吨）；2010 年营养盐入海量为 2. 95 万吨（氨氮 23 462 吨、总磷 6 053 吨）。2011 年污染物总量总体呈大幅下降的趋势。与 2011 年相比，2012 年黄河入海污染物总量和营养盐总量呈升高趋势，2012 年入海污染物总量达 47. 1 万吨，其中营养盐总量约为 2. 1 万吨。2012 年入海污染物及营养盐总量的增加造成了 2012 年海水中无机氮和活性磷酸盐浓度的明显升高。

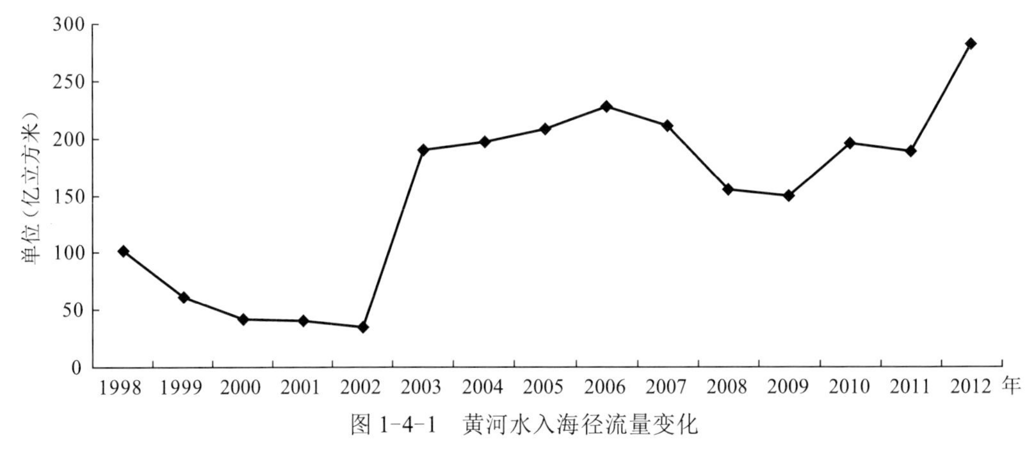

图 1-4-1　黄河水入海径流量变化

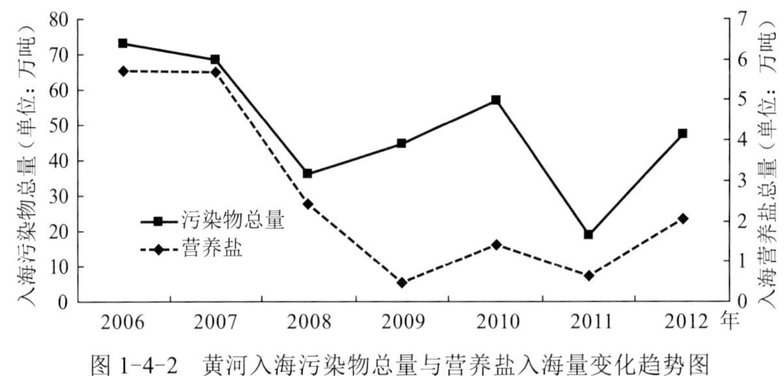

图 1-4-2　黄河入海污染物总量与营养盐入海量变化趋势图

1.4.2　海洋捕捞强度影响分析

近 20 年来黄河口海域海洋捕捞强度呈加大趋势，据调查，1985～2006 年近海捕捞船的数量、吨位及总功率变化很大。近海捕捞船的总吨位数从 1985 年的 2 608 吨发展到 2004 年的 26 983 吨，增长了 9 倍多；渔业捕捞量从 1985 年的 2 970 吨发展到 2004 年的 46 554 吨，增长了 14 倍多。2004 年虾蟹捕捞量是 1985 年的 11. 73 倍，是 1995 年的 1. 39 倍；贝类捕捞量变化更大，2004 年贝类捕捞量为 1995 年的 127. 68 倍，是 1995 年的 1. 15 倍。2005～2012 年期间，捕捞船的数量变化不大，维持在 1 000～1 200 余艘的水平，捕捞量在 2008 年和 2009 年稍微降低，但仍保持在 8 万吨左右的水平；2012 年渔业捕捞量达 8. 7 万余吨，与 2004 年相比，增加近一倍。在捕捞船舶总功率方面，2012 年达到 3. 65 万千瓦，较 2011 年的 3. 37 万千瓦增加了 8. 3%。

由于海洋捕捞强度的不断加大，使得主要传统经济鱼类资源全面衰退。2012 年 5 月共采集到鱼卵 2 种，为鲈鱼（*Lateolobrax japonicus*）和蓝点马鲛（*Scomberomorus niphonius*）；仔稚鱼鉴定出 2 种，为鲈鱼和尖尾鰕虎鱼（*Chaeturichthys stigmatias*），鱼卵和仔鱼的种类较 2011 年减少；只有 4 个站位出现鱼卵，鱼卵密度变化范围在（0. 011～0. 017）ind/m^3 之间，平均为 0. 004 ind/m^3。调查结果表明，不同季节产卵群体的组成和结构发生了明显的变化。春季，鱼卵主要种类为斑鰶和鲷，分别占总密度的 82. 2% 和 11. 9%，夏季鱼卵主要种类为舌鳎，占总密度的 97. 4%。春季鱼卵的主要种类斑鰶在夏季消失，鲷的数量在夏季下降为

2.0%，而夏季鱼卵的主要种类舌鳎在春季鱼卵中所占比例仅为1%。春季，仔稚鱼主要种类依次为青鳞鱼、小黄鱼和鲻鱼，分别占总密度的36.4%、21.8%和21.8%；夏季，仔稚鱼主要种类为小黄鱼和舌鳎，分别占总密度的85.5%和14.5%。春季，仔稚鱼的主要种类青鳞鱼和鲻鱼在夏季消失，夏季小黄鱼的比例大幅度上升，舌鳎在春季仔稚鱼中没有出现，在夏季则成为主要种类。自2003年后，莱州湾鱼卵、仔稚鱼的种类数处于很低的水平，渤海莱州湾鱼卵、仔稚鱼的种类数已由1982年的27种和1998年的23种减少到2003年的12种，2008年的14种。种类数的大幅减少一方面与渤海渔业资源种类的减少有关，1983年5月渤海出现鱼类63种（邓景耀，2000），1992年5月有43种（任胜民，1993），1998年5月有40种（程济生，2004），而2004年5月仅出现30种（金显仕，2006），万瑞景（2006）等通过对1985～2001年黄海区6个航次调查结果的比较，发现2000年秋季和2001年春季黄海的鱼卵、仔稚幼鱼种类组成和数量与1985年和1986年发生了明显的变化，与黄海区渔业资源和鱼类群落结构的变化是相吻合的。他们通过比较认为人类的长期捕捞活动对海洋生态系统中鱼类资源的种群交替和鱼类群落结构的变化产生了较大的影响。此外，莱州湾小型中上层鱼类的分布范围缩小，也可能是导致鱼卵、仔稚鱼种类数减少的一个重要原因（万瑞景，2006）。

数量方面，20年来，鱼卵的数量出现明显的下降，仔稚鱼的数量下降略小。邓景耀和金显仕（1998）研究发现自1982年以来，莱州湾的优势种变化不大，以黄鲫、鳀鱼、赤鼻棱鳀、枪乌贼、口虾蛄、三疣梭子蟹为主，但渔获的数和量却逐年下降，莱州湾及黄河口水域1959、1982、1992～1993和1998年的平均单位网次渔获量分别为258、117、77.5和8.5 kg/h，呈逐年下降之势，下降的速率愈来愈大，渔业资源呈现持续衰退的趋势。2008年鱼卵、仔稚鱼数量（王爱勇，2010）只有1982年的31.58%和1993年的0.61%。据1982年6～8月山东海岸带调查结果（山东省科学技术委员会，1991），1982年6月份莱州湾海区采集到的鱼卵平均数量为221.56粒/100立方米，仔稚鱼平均为28.86尾/100立方米，本次调查结果与之相比，20多年间，鱼卵数量下降为1982年的33.44%，仔稚鱼下降为1982年的32.22%。1998年，程济生等（2004）对渤海近岸水域的鱼卵、仔鱼进行了春、夏、秋3个航次的调查。本次调查结果与1998年换算后的数据对比可知，相对莱州湾海域1998年的数据，10年间，2009年春季鱼卵的密度变化范围最大值变小了35倍左右，仔稚鱼的密度变化范围最大值减小了36%左右。此外，宋秀凯等（2010）调查发现，2009年黄河口海域鱼卵分布密度平均为0.741 ind/m^3；仔鱼分布密度平均为0.093 ind/m^3，略高于2012年。莱州湾春季渔业资源优势种自1982年开始已经由黄鲫、鳀、赤鼻棱鳀等个体小、营养层次低的小型中上层鱼类逐步替代了带鱼、小黄鱼等营养层次较高的种类（金显仕，2000）。自1982年以后的鱼卵、仔稚鱼群体中，以鳀、鲬、斑鰶等为主的优势种结构没有较大变化。1998年莱州湾附近海域共采到鱼卵15种，仔稚鱼8种；出现频率和密度最多的鱼卵种类为短鳍红娘鱼，其次为鳀和绯䲗，频率和密度较大的其他种类为斑鰶、黄姑鱼等。仔稚鱼中，出现率和密度较高的种类为鮻、斑鰶和矛尾复鰕虎鱼。宋秀凯等（2010）调查表明：2007～2008年，6月份莱州湾海域的鱼卵优势种以斑鰶和凤鲚为主；8月份鱼卵优势种以凤鲚和鲈鱼为主。2007年6月份仔稚鱼优势种以凤鲚和斑鰶为主，8月份仔稚鱼优势种为凤鲚和鲈鱼；2008年6月份仔稚鱼优势种以凤鲚和梭鱼为主，8月优势种仍为凤鲚和鲈鱼。

2009年调查结果表明，鱼类仔鱼优势种类也以小型中上层鱼类为主，春季，鱼卵主要种类为斑鰶和鲷，夏季鱼卵主要种类为舌鳎。春季，仔稚鱼主要种类依次为青鳞鱼、小黄鱼和鲻鱼；夏季仔稚鱼主要种类为小黄鱼和舌鳎（刘霜，2011）。渔获物营养级的变化不仅受重要生物资源群落结构变化的影响，也受重要生物资源种类个体大小及其食物组成变化的影响，捕捞是影响其变化的主导因素。Pauly等（2005）根据联合国粮农组织（FAO）提供的资料，报道了1950～1994年期间，全球渔获物的平均营养级每10年下降0.1，渔获物从长寿命、高营养级的底层食鱼的种类逐步向短寿命、低营养级的中上层、无脊椎动物种类转变；认为捕捞使生态系统中食物网的营养级下降，并指出这种开发方式是不可持续的。张波（2004）、晁敏（2005）分别研究了渤、黄、东海等海洋渔获物的营养级，发现它们每10年下降的速率分别为0.15、0.17和0.2。可见，虽然1988年秋季底拖网全部退出渤海，但并未遏制莱州湾渔业资源严重衰退的趋势。由此，20多年间，莱州湾渔业资源群落结构发生了较大的变动，鱼卵仔鱼种类数和数量大幅下降，优势种更替明显，人类的长期捕捞活动和陆源性污染对海域的环境影响与海洋生态系统中渔业资源的衰退产生了较大的影响。

1.4.3 海水养殖影响分析

黄河口海域主要养殖模式包括：池塘（围堰）养殖、底播养殖、浅海（筏式、网箱）养殖、盐田养殖、工厂化养殖等。黄河口海域海水养殖规模近三十年来明显扩大，2012年海水养殖面积超过了10万公顷，产量超过了30万吨，多年来呈持续上升趋势，见图1-4-3。

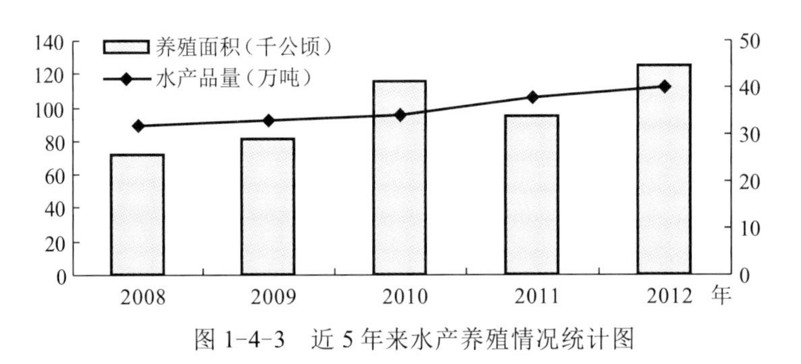

图1-4-3　近5年来水产养殖情况统计图

海水养殖的盲目发展，干扰并破坏了重要经济生物繁育场的环境条件，残饵和鱼、虾、贝类粪便等废弃物的大量排放，给海洋生态系统带来了严重影响。养殖环境问题除了外源污染物进入之外，养殖业本身对沿岸海区生态环境的影响也是不容忽视的，大量新增加的养殖设施使养殖区及其毗邻水域流场发生改变，而且，由于养殖设施的屏障效应，使流速降低，影响了营养物质的输入和污染物的输出，使陆源污染物得不到及时的稀释扩散，滞留在近海水域。由于海底堆积了大量生产加工过程的废弃物等有机物并矿化，使海底抬升，水深变浅，即降低了海域的使用功能，也成为二次污染的污染源。此外，植物性种类有机质的溶出，动物性种类养殖过程中的人工残饵及代谢产物的排放等都对近海环境造成危害。

1.4.4　油田开发建设影响分析

黄河口三角洲不仅受黄河来水来沙量等影响，油田开发建设等人类活动对黄河三角洲岸线蚀退也有重要影响。人工改道、人工建造海堤均对海岸线的演变产生着重大影响。特别是近几年来，胜利油田大规模的开发，在河口口门周围建造了大量的海防和油井平台工程，在潮间带湿地上新建了大量的油井装置和配套设施，油井和道路开辟，导致湿地景观破碎化，极大地损害了湿地生态系统的服务功能，并对黄河入海流路及海岸线造成长远的影响。据有关资料，刁口河流路老河口自 1976 年改道清水沟流路到 1999 年的 24 年间，0 m 水深线蚀退 10. 5 km，平均每年 437 m；2 m 水深线蚀退 7. 89 km，平均每年 343 m；孤东海堤堤前水深由 1986 年的 0. 3～0. 6 m 发展到 2002 年的 2. 0～3. 5 m；1976～2000 年 20 多年间，三角洲蚀退陆地 283. 98 km^2，淤积造陆面积 267. 20 km，净蚀退陆地总面积 16. 78 km^2，并且蚀退现象呈恶化趋势。这对三角洲地区特别是对胜利油田的滩海开发形成巨大威胁，并成为滩海油田开采的巨大障碍。

油田开发如埕岛油田、桩西油田、孤东油田、长堤油田、红柳油田和新滩油田等需要使用一定面积的海域，且漫水路、人工岛等筑堤填海建设项目，改变使用海域的自然属性及水动力条件，对海域的生态环境影响较重。近年来，黄河口三角洲北部保护区因海潮侵入作用，以淤进为主向淤进与蚀退并存，以蚀退为主转变，最终海岸的蚀退严重影响到滩涂湿地并使生物资源量下降。

图 1-4-4　黄河口区域油田开发建设现状

图 1-4-5　黄河口区域油田开发进海路堤现状

1.4.5 黄河调水调沙工程对湿地生态的影响分析

多年来，由于黄河持续干旱断流等因素影响，黄河口湿地面积逐年减少，湿地生态系统失衡。随着黄河不断流和黄河调水调沙措施的实施，黄河水有了可靠保证，黄河口的生态环境得到极大改善。

2004～2007年5月至8月期间，黄河实施调水调沙行动，每次黄河调水调沙工程使黄河口新增湿地1万余亩①，湿地生态环境大为改观。尤其是黄河第三次调水调沙冲刷泥沙1.6亿吨，下泄水量43.75亿立方米，共6 071万吨泥沙注入渤海，使黄河最下游自然保护区内新增湿地面积2万多亩，向海洋推进1.5千米。2008年黄河水利委员会采取在调水调沙期对河口湿地进行补水的措施，总补水量近2 000万立方米，有效解决了湿地缺水问题，湿地生态得到进一步恢复。2009年实施了黄河口湿地补水工作，最大单闸流达到12.6立方米/秒，是2008年最大流量的两倍，湿地生态得到进一步恢复。2010年结合黄河第十次调水调沙，实施的黄河三角洲生态调水暨刁口河流路恢复过水试验，使自然保护区大面积进水，停河34年的刁口河入海流路全程恢复过水，累计向黄河口湿地补水3 500多万立方米，新增湿地面积4万多亩。

黄河调水调沙自2011年6月19日开始，持续23天，其中流量超过2 000立方米/秒的有15天，利津站最大流量3 200立方米/秒，水位12.98米。期间，随着黄河调水调沙大流量洪水持续下泄，河口地区累计过水4 559万立方米。其中，南岸自然保护区湿地补水2 248.1万立方米，北岸刁口河流路罗家屋子闸累计过水2 311万立方米，顺利实现了黄河口三角洲生态调水和刁口河流路全程恢复过水，迎来大面积的淡水滋养。据报道，2011年黄河三角洲生态调水效果显著，主要表现为：① 退化湿地地下咸水入侵的发展态势得到有效遏制，刁口河过水沿岸1 100米范围内、刁口河尾闾周边地区1 500米范围内的地下水水位得到抬升，与2010年同期相比，影响区域地下水水位最高抬升20厘米；② 土壤盐渍化快速发展趋势得到缓解，刁口河流路核心恢复区2010年和2011年不同植被群落土壤含盐量均呈下降趋势，尤其是0～30厘米层土壤含盐量显著降低，其中10厘米层土壤含盐量平均下降55%，30厘米层土壤含盐量平均下降41%；③ 刁口河区域植被逆向演替的趋势得到初步遏制，调水前植物种类为13种，2010年调水后增至17种，2011年增至26种，在相同样点植被均发生比较明显的正向演替；④ 芦苇沼泽与芦苇草甸等适宜水生鸟类生存的环境初步形成，水生鸟类数量显著增加，与2009年同期相比，2010年增加4 700多只，2011年增加了12 000余只，呈明显的增长趋势，珍稀濒危鸟类保护成效尤其显著，2010年和2011年国家一级重点保护鸟类丹顶鹤分别增加了11只和19只，2011年首次发现白鹤，种群14只，东方白鹳分别增加了18只和149只，黑鹳分别增加了14只和4只。2011年东方白鹳出现152只大群迁徙种群。连续两年刁口河生态补水基本上遏制了黄河刁口河故道生态退化的趋势，湿地恢复区生态系统向良性维持方向发展，生态类型和景观结构得到优化，生态系统的结构和功能得到初步恢复，黄河三角洲湿地作为珍稀濒危鸟类栖息地及生物多样性保护的功能得到改善与保障。此外，黄河三角洲生态调水探索了水利与林

① 亩为非法定计量单位，考虑到生产实际，本书继续保留。1亩≐666.7平方米。

业部门协调配合，共同修复与维持黄河水生态环境的工作机制，为黄河水生态典型修复积累了成功的实践经验。

自 2004～2012 年，黄河已累计进行了 11 次调水调沙，使主河槽继续保持较好运行状态，对稳定入海流路发挥了重要作用，同时，通过向三角洲湿地补水，极大地改善了生态环境。大量黄河水注入湿地，使得湿地淡水水位平均上涨了 0.4 米，对海水浸入湿地起到了一定的抵御作用。随着湿地面积增加和淡水水位上涨，保护区内的鱼类大量增加，许多途经这一区域的鸟类也驻留下来，形成了良好的连锁生态反应。黄河口甚至出现了东方白鹤等多种珍稀鸟类，鸟的种类和数量也明显增加。由于黄河口湿地生态环境的不断改善，来选择这里安家落户的野生动物已达 1 524 种，其中各种鸟类由原来的 187 种增加到 283 种，而每年来黄河三角洲栖息、繁衍、越冬的候鸟已超过 400 万只，常年在这里栖息、觅食的多种鸟类超过 100 万只。

2013 年 6 月 19 日，黄河再次实施调水调沙工程，并于 7 月 10 日 8 时结束，黄河口分别通过黄河现行流路和刁口河流路进行生态补水，黄河现行流路自然保护区累计补水 2 024 万立方米。刁口河流路第 4 次迎来黄河水，累计补水量 2 357.4 万立方米，有效维持了黄河三角洲生态系统。

参考文献

[1] Brzezinski M A. The Si:C:N ratio of marine diatoms: interspecific variability and the effect of some environmental variables[J]. Jounal of Phycology, 1985, 21: 347-357.

[2] Dortch Q, Whitledge T E. Does nitrogen or silicon limit phytoplankton production in the Mississippi River plume and nearby regions[J]. Continental Shelf Research, 1992, 12 (11): 1293-1309.

[3] Eitaro Wada, Akihiko Hattori. Nitrogen in the Sea: Forms, Abundances, and Rate Processes[M]. Raton Boston: CRC Press, Boca, 1991.

[4] Feely R A, Sabine C L, Lee K, et a1. Impact of anthropogenic CO_2 on the $CaCO_3$ system in the oceans[J]. Science, 2004, 305: 362-366.

[5] Goes J I, Saino T, Oaku H, Ishizaka J, Wong C S, Nojiri Y. Basin scale estimates of Sea Surface Nitrate and New production from remotely sensed Sea Surface Temperature and ChlorophyII[J]. Geophysical research latters , 2000, 20(9): 1263-1265.

[6] Jassby A D, KimmererW J, MonismithS G , e ta l. Isohaline Position as a Habitat Indicator for Estuarine Populations[J]. Ecological Applications , 1995, 5 (1) : 272～289.

[7] Jiao N Z. Interactions between ammonium uptake and nitrate uptake by natural phytoplankton assemblages[J]. Chin J oceanol Limnol, 1993, 11(2) : 97-107.

[8] Justic D, Rabalais N N, Turner R E, et al. Changes in nutrient structure of river-dominated coastal waters: stoichiometric nutrient balance and its consequences[J]. Estuarine, Coastal and Shelf Science, 1995, 40, 339-356.

[9] Justic D, Rabalais N N, Turner R E, et al. Changes in nutrient structure of river-dominated

coastal waters：stoichiometric nutrient balance and its consequences[J]. Estuarine，Coastal and Shelf Science，1995，40：339-356.

[10] Justic D，Rabalais N N，Turner R E. Stoichiometric nutrient balance and origin of coastal eutrophication[J]. Marine Pollution Bulletin，1995，30：41-46.

[11] Nelson D M. Kinetics of silicic acid uptake by natural diatom assemblages in two Gulf Stream warm-core rings[J]. Marine Ecology Progress Series，1990，62：283-292

[12] Nelson D M. Kinetics of silicic acid uptake by natural diatom assemblages in two Gulf Stream warm-core rings[J]. Marine Ecology Progress Series，1990，62：283-292

[13] Paul y D，Palomares M L. Fishing down marine food web，it is far more pervasive than we thought[J]. Bulletin of Marine Science，2005，76（2）：197-211.

[14] Singe A K，Benerjee D K. Grain size and geochemical partitioning of heavy metals in sediments of the Damodar River atributary of the lower Ganga，India. Environmental Geology[J]. 1999，39（1）：91-98.

[15] Zentera S，Kamykowski D. Latitudinal relationships among temperature and selected plant nutrients along the west coast of North and South America[J]. J. Mar. Res. ，2003，30（17）：1912.

[16] 晁敏，全为民，李纯厚，等. 东海区海洋捕捞渔获物的营养级变化的研究 [J]. 海洋科学，2005，29（9）：51-55.

[17] 陈淑珠，顾郁翘，刘敏光，等. 黄河口及其邻近海域营养盐分布特征 [J]. 青岛海洋大学学报，1991，21（1）：34-41.

[18] 程济生. 黄渤海近岸水域生态环境与生物群落 [M]. 青岛：中国海洋大学出版社，2004.

[19] 崔毅，马绍赛，李云平，等. 莱州湾污染及其对渔业资源的影响 [J]. 海洋水产研究，2003，24（1）：35-41.

[20] 单志欣，郑振虎，邢红艳，等. 渤海莱州湾的富营养化及其研究 [J]. 海洋湖沼通报，2002，（2）：41-46.

[21] 邓景耀，金显仕. 莱州湾及黄河口水域渔业生物多样性及其保护研究 [J]. 动物学研究，2000，21（1）：76-81.

[22] 高会旺，吴德星，白洁，等. 2000 年夏季莱州湾生态环境要素的分布特征 [J]. 青岛海洋大学学报：自然科学版，2003，33（2）：185-191.

[23] 郭卫东，章小明，杨逸萍，等. 中国近岸海域潜在性富营养化程度的评价 [J]. 台湾海峡，1998，17（1）：64-70.

[24] 国家海洋局北海环境监测中心，黄河口生态监控区监测与评价报告，2004～2010 年.

[25] 郝芳华，程红光，杨胜天. 非点源污染模型－理论与方法 [M]. 中国环境科学出版社，北京，2006. 31-40.

[26] 贾文泽，田家怡，潘怀剑. 黄河三角洲生物多样性保护与可持续利用的研究 [J]. 环境科学研究，2000，15（4）：35-40.

[27] 姜言伟，万瑞景，陈瑞盛. 渤海硬骨鱼类鱼卵、仔稚鱼调查研究 [J]. 海洋水产研究，1988，9：121-149.

[28] 蒋 红，崔 毅，陈碧鹃等. 渤海近 20 年来营养盐变化趋势研究 [J]. 海洋水产研究，2005，26（6）：61-67.

[29] 蒋玫，沈新强，陈莲芳. 长江口及邻近水域春季鱼卵仔鱼分布于环境因子的关系 [J]. 海洋环境科学，2006，25（2）：37-44.

[30] 金显仕，邓景耀. 莱州湾渔业资源群落结构和生物多样性的变化 [J]. 生物多样性，2000，8（1）：65-72.

[31] 金显仕，唐启升. 渤海渔业资源结构、数量分布及其变化 [J]. 中国水产科学，1998，5（3）：18-24.

[32] 金显仕. 群落结构与生物生产力 [M]. 科学出版社，北京，2002.

[33] 冷宇，刘一霆，杜明，刘霜. 黄河口海域 2004—2009 年春季大型底栖动物群落的时空变化，海洋学报 [J]，2013，35（6）：129，139.

[34] 冷宇，刘一霆，刘霜. 黄河三角洲南部潮间带大型底栖动物群落结构及多样性 [J]，生态学杂志，2013，32（11）：1-9.

[35] 冷宇，张继民，刘霜，等著. 黄河口及邻近海域海洋生物物种多样性研究，中国海洋大学出版社，2013.

[36] 李金文，扬京平. 农田氮肥当中氮素的损失及其控制方法 [J]. 中国农学通报，2008，24，增刊：27-230.

[37] 李全生，马锡年，沈万仁. 黄河口及其近岸海域的溶解硅的研究 [J]. 海洋科学，1986，10（4）：11-15.

[38] 李显森，牛明香，戴芳群. 渤海渔业生物生殖群体结构及其分布特征 [J]. 海洋水产研究，2008，29（4）：15-21.

[39] 林荣根，吴景阳. 黄河口沉积物对磷酸盐的吸附与释放 [J]. 海洋学报，1994，16（4）：82-90.

[40] 刘霜，张继民，冷宇. 黄河口附近海域营养盐行为及年际变化分析 [J]. 2013，32（4）：383-388.

[41] 刘霜，张继民，冷宇. 黄河口及附近海域鱼卵和仔鱼种类组成及分布特征 [J]. 海洋通报，2011，30（6）：662-667.

[42] 吕小乔，祝陈坚，张爱斌，等. 夏季渤海西南部及黄河口海域营养盐分布特征 [J]. 1985，山东海洋学院学报，15（1）：146-158.

[43] 马绍赛，辛福言，崔毅，等. 黄河和小清河主要污染物入海量的估算 [J]. 海洋水产研究，2004，25（5）：47-51.

[44] 孟春霞，邓春梅，姚鹏，等. 小清河口及邻近海域的溶解氧 [J]. 海洋环境科学，2005，24（3）：25-28.

[45] 米铁柱，于志刚，姚庆祯，等. 春季莱州湾南部溶解态营养盐研究 [J]. 海洋环境科学，2001，20（3）：14-18.

[46] 彭云辉，王肇鼎. 珠江河口富营养化水平评价 [J]. 海洋环境科学，1991，10（03）：

7-13.
[47] 任玲，杨军．海洋中氮营养盐循环及其模型研究［J］．地球科学进展，2000，15（1）：58-64.
[48] 任胜民．渤海鱼类群落的研究［J］．海洋水产研究，1993，13：35-45.
[49] 山东省科学技术委员会．山东省海岸带和海涂资源综合调查报告集［M］．北京：中国科学技术出版社，1990. 292-297.
[50] 沈志亮，陆家平，刘兴俊．黄河口及附近海域的无机氮和磷酸盐［J］．海洋科学集刊，1989，30：51-79.
[51] 石晓勇王修林，陆茸，等．东海赤潮高发区春季溶解氧和pH分布特征及影响因素探讨［J］．海洋与湖沼，2005，36（5）：404-412.
[52] 宋秀凯，刘爱英，杨艳艳，等．莱州湾鱼卵、仔稚鱼数量分布及其与环境因子相关关系研究［J］．海洋与湖沼，2010，41（3）：378-385.
[53] 孙军，刘东艳，杨世民，等．渤海中部和渤海海峡及邻近海域浮游植物群落结构的初步研究［J］．海洋与湖沼，2002，33（5）：461-471.
[54] 孙丕喜，王波，张朝辉 等．莱州湾海水中营养盐分布与富营养化的关系［J］．海洋科学进展，2006，24（3）：229-335.
[55] 万瑞景，姜言伟．渤海硬骨鱼类鱼卵和仔稚鱼分布及其动态变化［J］．中国水产科学，1998，5（1）：43-50
[56] 万瑞景，孙珊．黄、东海生态系统中鱼卵、仔稚幼鱼种类组成与数量分布［J］．动物学报，2006，52（1）：28-44.
[57] 王爱勇，万瑞景，金显仕．渤海莱州湾春季鱼卵、仔稚鱼生物多样性的年代际变化［J］．渔业科学进展，2010，31（1）：19-24.
[58] 王保栋．黄海和东海营养盐分布及其对浮游植物的限制［J］．应用生态学报，2003，14（7）：1122-1126.
[59] 王年斌，薛克，马志强，等．黄海北部河口区活性磷酸盐含量分布动态与环境质量评价［J］．中国水产科学，2004，11（3）：272-275.
[60] 肖纯超，张龙军，杨建强．2004—2009年黄河口近岸海域低盐区面积的变化趋势研究［J］．中国海洋大学学报，2012，42（6）：40-46.
[61] 杨建强，张继民，宋文鹏．黄河口生态环境与综合承载力评估研究［M］．海洋出版社，北京，2014.
[62] 殷鹏，刘志媛，张龙军．2009年春季黄河口附近海域营养状况评价［J］．海洋湖沼通报，2011，（2）：120-130
[63] 张波，唐启升．渤、黄、东海高营养层次重要生物资源种类的营养级研究［J］．海洋科学进展，2004，22（6）：393-404.
[64] 张洪亮，杨建强，崔文林．莱州湾盐度变化现状及其对海洋环境与生态的影响［J］．海洋环境科学，2006，25（增刊1）：11-14.
[65] 张继民，刘霜，张琦，等．黄河口附近海域营养盐特征及富营养化程度评价［J］．海洋通报，2008，27（5）：65-72.

[66] 张继民，刘霜，张琦．黄河口附近海域浮游植物种群变化 [J]．海洋环境科学，2010，29（6）：834-837.

[67] 张欣泉，邓春梅，魏伟，等．黄河口及邻近海域溶解态无机磷、有机磷、总磷的分布研究 [J]．环境科学学报，2007，27（4）：660-666.

[68] 赵亮，魏皓，冯士筰．渤海氮磷营养盐的循环和收支 [J]．环境科学，2002，23（1）：78-81.

[69] 赵卫红，焦念志，赵增霞．烟台四十里湾养殖水域氮的存在形态研究 [J]．海洋与湖沼，2000，31（1）：53-59.

[70] 周俊丽，刘征涛，孟伟，等．长江口营养盐浓度变化及分布特征 [J]．环境科学研究，2006，19（6）：139-144.

>>> 第2篇

技术与应用

2.1 黄河口生态需水量评价技术

生态系统服务功能是人类生存与现代文明的基础，生态系统需要水维持其功能并提供生态服务。水是自然－社会－经济复合体最为敏感的因子之一，也是生态系统中最活跃的因子，在生态系统中发挥着非常重要的作用，成为制约社会经济发展、维系生态演化的关键驱动因子的“瓶颈”之一。河口生态系统位于河流生态系统与海洋生态系统的交汇处，海陆间的交互作用使得河口生态系统具有独特的环境特征和重要的生态服务功能，同时，也使得其成为相对脆弱的生态系统。河口生态系统为保持生态系统结构与功能健康，同样需要一定的淡水输入。河口及附近海域与人类的活动密切相关，随着人们对河口生态系统的研究逐渐深入，对作为联结河流和海洋的河口及附近海域的生态需水研究也日益得到重视。以前曾经有过错误的观点，认为河里的水流入到海洋是种浪费，较少考虑其生态功能，且随着上游工农业的发展，需水量增加，河道沿途修建了各种水利工程，如水库、闸坝、引水工程等，导致河口入海的淡水量大大减少，对河口及附近海域的生态系统产生了不利影响。针对河口及附近海域淡水资源供需矛盾突出、生态系统退化的现状，开展河口及附近海域淡水生态需水量研究，对保护河口生物多样性和生态稳定具有重要意义，并可为如何改善河口及附近海域面临的生态环境问题提出科学依据和理论支持。

2.1.1 生态需水量研究现状

（1）生态需水研究概述

20世纪70～80年代，国外为满足河流的航运功能对枯水流量进行研究，随着河流受人类活动影响的加剧，河流生态系统结构和功能遭到破坏，为恢复河流生态系统功能，逐渐开展了生态可接受淡水流量研究，为后续的生态需水研究工作提供了良好基础。在生态系统类型方面，国外生态环境需水研究主要集中在河流生态环境需水研究方面，在河道生态类型外，还没有一套成熟的方法，如湖泊、湿地以及河口等并没有形成需水量指标体系和计算方法，在国外多以水资源管理部门对这些生态系统的配水来确定其需水量，并没有从生态系统本身对水的需求角度来研究其生态需水量。我国近20年来在生态需水含义、生态需水基本原理及计算方法方面做了大量有益的探索工作，研究范围涉及河流、湖泊、湿地等多种类型的生态系统。20 世纪 70 年代末开始研究探讨河流最小流量问题，80 年代主要集中在宏观战略方面的研究，对如何实施、如何管理处于探索阶段，90 年代以来，针对黄河断流、水污染严重等问题，水利部提出在水资源配置中应考虑生态环境用水，并在陆地和河流方面建立了相应的评价方法（王西琴，2002）。李丽娟等（2000）从提高植被覆盖度尤其是低覆盖度草地植被的角度出发，定量研究了为改善海河流域水土流失状况河道外生态需水的具体数额，得出海河流域现状年河道外生态耗水。崔保山和杨志峰（2002，2003）分析了典型湿地生态环境需水量的内涵和临界阈值，探讨了湿地生态系统生态环境需水量的计算方法和相关指标，按照湿地生态系统的组成结构和功能，对湿地生态需水量划分湿地植物需水量、湿地土壤需水量、湿地野生生物栖息地需水量、补水需水量、防止盐水入侵需水量、防止岸线侵蚀及河口生态环境需水量和净化污染物需水量等 7 大类型，以及将其各类型分别划分最小、中等、优、最优和最大 5 个等级，针对不同的生态系统类型提出了生态环境需水量的理论、方法，并以黄淮海地区为例，估算了该区域的生态环境需水量。粟晓玲等（2003）对生态需水内涵进行了研究，认为生态需水是指维持全球或区域生态系统和谐稳定与修复脆弱生态系统使其形成良性循环，并能最大限度地发挥其有益功能使其提供最大生态服务，达到诸如水热平衡、源汇动态平衡、生态平衡、水土平衡、水沙平衡、水盐平衡等生物、物理、化学平衡，并在单位生态用水提供最大生态服务条件下所需要消耗的最小水量。孙涛（2004，2005，2010）认为保持河口水域合理盐度是河口生物栖息地对水量的基本需求，从年际总量及其年内随时间的变化两方面计算了海河流域中海河口、滦河口及漳卫新河口生态环境需水量；在河口生态环境需水量的计算中考虑了水循环消耗、生物循环消耗、生物栖息地等不同类型需水及其随时间的变化，根据“加和性”和“最大值”原则计算了河口生态环境需水年度总量，以保持河口径流自然状态为目标，确定了生态环境需水量年内随时间的变化率，根据“生态环境需水量阈值性”的要求，将计算结果划分为最低、适宜和高 3 个等级；从生态需水目标筛选、生态需水目标对淡水输入响应关系以及生态需水计算方法实用性方面探讨了河口生态需水研究中面临的主要问题，认为生态系统健康综合表征指标的确定应成为分析河口生态需水的关键科学基础，筛选控制性生态要素构建河口关键生态水文过程模型，可成为有效提高生态需水计算方法实用性的主要技术手段。郑建平（2005，2006，2008）从不同的角度分别对海河、大洋河和辽东湾为例进行了相关研究。通过分析河口淡水对盐度乃至生物产生的影响，以海河河口及近岸海域为对象，通过建立入海径流与盐度的回归关系，用多年平均盐度值作为盐度控制标准，计算出入海径流 21.6 亿立方米作为海河河口生态需水量；从水生生物保护的角度出发，应用生态需水量在生物保护目标敏感期由水文断面资料、水位流量关系、生物产卵期所需水流条件共同计算确定，在非生物敏感期采用最小月流量法这一重点关注水生生物敏感期的方法对大洋河进行河流生态需水研究；在水动力及盐度数值模拟的模型基础上，通过盐度场和生物空间分布的响应关系，建立河口及附近海域淡水生态需水的综合计算模型，最后以渤海的辽东湾为实例用两种方法分别进行河口及附近海域淡水生态需水的具体计算。总体上来看，我国生态环境需水的研究多数限于陆地河流、河道、湿地等生态系统，在河口海域开展的研究工作不足，对其计算方法的研究也并不深入和完善，多以定性分析和宏观定量相结合的方法为主。

（2）黄河口区域生态需水研究

20 世纪 80 年代以来，随着黄河进入河口地区的水沙量减少，黄河河口生态系统尤其是作为黄河河口重要生态单元的黄河口淡水湿地出现了生态退化、生物多样性衰减等生态问题，威胁着黄河三角洲生态系统的稳定和经济社会的可持续发展，为此，研究黄河口生态需水过程，优化黄河水资源的配置与调度，实现并维持三角洲生态系统的良性发展，已成为维持黄河口生态系统健康亟待解决的关键问题之一，也是黄河口地区社会、经济和生态环境协调发展的必然要求。目前在黄河流域、河道、湿地、保护区、海域等方面的研究已相继展开。

在黄河流域和河道研究方面，纪书华（2006）以傍黄河流域典型县域为例，采用彭曼 - 蒙蒂斯（Pengmen-Monteith）公式和基于水循环理论的方法对该地区的最小生态学需水量进行了估算，并认为该方法可以推广应用于其他半干旱、半湿润区域。王高旭（2009）以河流水体存在（不断流或干涸）、水生生物完整性以及河流系统的水沙平衡为保护目标，分别计算黄河中下游河道最小生态流量、适宜生态流量和洪水期生态流量，将不同生态流量耦合时间特征计算了全过程生态需水，据此算得黄河中下游流域年生态需水总量占多年平均径流量的 35% ～43%。李剑锋（2011）通过采用滑动秩和检验（Mann - Whitney U 检验）分析水文变异，并在对水文变异成因系统进行分析的基础上，对变异前各月平均流量序列用线性矩法推求 GEV 分布参数，求出概率密度最大流量，并将其视为相应月黄河河道内生态流量，结果表明水文变异后，黄河流域各水文站满足生态需水的频率大大降低，汛期降低幅度比非汛期大。

在黄河三角洲湿地研究方面，王新功（2007，2009）根据河口湿地生态系统的结构特征及功能要求，提出了黄河河口湿地生态需水的概念及内涵，介绍了河口湿地生态需水研究的思路及计算方法，对湿地合理保护规模、湿地指示性物种及不同生态用水配置的生境适宜性进行了初步研究。在分析黄河口生态系统组成与各生态单元生态功能的基础上，综合考虑河口地区生态现状及黄河水资源支撑能力等因素，界定了黄河河口生态保护目标，分析了重要保护目标河口淡水湿地的合理保护规模，针对不同的保护对象，采用不同的方法对生态需水进行了计算，耦合不同生态单元（对象）的生态流量得出利津断面不同时段最小、适宜生态流量。连煜（2008）根据生态系统保护的要求，以提高生态系统承载力、保护河口生态系统完整性和稳定性为原则，以促进区域生态系统的良性维持为目标，从生物多样性保护的角度，研究确定了 23 600 公顷的黄河三角洲应补水的湿地恢复和保护规模。在此基础上，采用景观生态学的原理和方法，在湿地植物生理学、生态学、水文学研究基础上及遥感和 GIS 技术的支持下，研究水分 - 生态耦合作用机理，建立基于生态水文学的黄河口湿地生态需水及评价模型，并运用预案研究方法和景观生态决策支持系统的规划评价思想，预测和评价了黄河口湿地不同补水方案产生的生态效果，重点研究了丹顶鹤、东方白鹳、黑嘴鸥等指示性物种适宜生境条件与湿地补水后的生态格局变化。奚歌（2008）应用 MODIS 的地表反射率、地表温度数据与常规气象数据以及土地利用 / 覆盖图，利用蒸散量的遥感估算模型(SEBS模型)估算,晴天条件下的黄河三角洲湿地日蒸散量,采用HANTS算法插补了非晴天条件下的开蒸散量,从而得到2001～2005年的该湿地年蒸散量的时间序列,并对蒸散量进行验证和分析。结合该地区典型植被生态需水量与植被蒸散耗水量,估算了2001～2005年的生态补水量。刘晓燕(2009)根据黄河河口现代三角洲生态系统的特点,考虑河口生态系统典型生态单元的结构和功能演替、重要生态目标生境保护与黄河径流的关系,充分利用该区多年来的科学考察成果和国内外生态需水研究所获得的认识,重点分析了鸟类生境、河道内鱼类生境和近海水生生物繁衍生境的生态需水;综合考虑黄河天然径流条件、自然功能用水和社会功能用水的平衡、黄河水资源配置条件等因素后,进一步提出现阶段黄河向其三角洲生态系统提供的生态用水控制指标。孙莉(2010)根据当前生态调水工程实施的形势、保护区北区目前存在的问题以及《国际湿地公约》的要求,从生态学角度对保护区北区的生态需水量和补水量进行了等级划分和计算,其中生态需水量从土壤需水、植被蒸发需水和栖息地需水进行计算。

在河口海域研究方面,拾兵(2005)等针对河口与近海生物对环境条件变化响应的非线性和不连续性,以及生态系统所具有的多源性、开放性、耗散性和远离平衡态的复杂特征,利用BP神经网络强大非线性映射能力,建立了以水位、流量、含沙量、叶绿素浓度为输入变量的神经网络模型,实现了对黄河口滨海区典型年份生态最小需水量的成功预测。杨建强(2009,2014)针对河口湿地生态需水研究现状,首先确定了黄河口湿地生态环境保护目标,进行水与生态相互作用的定性和定量分析,在明晰河口湿地生态水文相互关系以及水资源配置的问题基础上,进行河口湿地生态需水量的核算,并以黄河口海域的环境状况和生态健康状况为对象,以2002～2010年的生态健康指数(0.1,0.145,0.3)和环境健康指数(−0.1,−0.08)为考核目标,采用BP神经网络,建立了以黄河入海水质、黄河口海域水质综合评价指数及生态健康指数为输入变量和以黄河入海量为输出变量的神经网络模型,仿真计算了在黄河口不同入海水质情况下的最小生态需水量。

从国内外研究现状及进展来看,河口海域生态需水的研究已经得到关注,开展黄河口海域生态需水量研究,将会丰富河口海域生态需水研究的理论和方法,在实践上对于海洋环境保护行政主管部门深化黄河口生态监控区工作,以及制订相应的调控都具有重要意义。

2.1.2 基于人工神经网络方法的黄河口生态需水量评价

本书中黄河口海域生态需水量的计算采用人工神经网络方法(Artificial Neural Network)(杨建强,2014),在增加2011年和2012年数据的样本基础上,重新进行了计算。

(1)人工神经网络方法评价

人工神经网络是指由大量与自然神经系统细胞相类似的人工神经元连接而成的网络,它由应用工程技术、计算机手段模拟生物神经网络的结构和功能,实现知识并行分布处理,是一个人工智能信息处理系统,有较高的建模能力和对数据良好的拟合能力。误差反向传播前馈网络(BP网络)其结构包括输入层、输出层和隐含层,同一层神经元之间不互连,不同层神经元之间则全互连。神经网络的权重是由前馈或反馈通过若干个神经元(计算元素)相互连接,这些神经元位于隐含层,并通过其连接输入层和输出层。

BP网络原理主要是将影响预测对象的因子作为网络的输入,将预测对象作为BP网络的输出。当 BP 网络确定后，用该网络对样本进行监督学习，从而识别出影响因子与预测对象之间复杂的非线性映射关系。BP 网络在参数适当时，能收敛到较小的均方误差，属单向连接网络。在数学上，其映射关系可以表示为：

$$r_j = f(p_j - q_i) = f(a_j)$$

$$p_j = \sum_j w_{ij} p_j$$

式中，r_j 为神经元的输出信号，b_j 是输入信号，w_{ij} 为连接权重，q_i 为偏倚项。激活函数取 S 型非线性函数，网络训练采用准线性 δ 差值规则。由传输函数的可导性，按梯度下降法的原理可以推导出其差值算式。若将直接与输出端相联的顶层神经元称为第 I 层，其他依次序称，则按梯度下降法的要求可得第 x 层和 $x+1$ 层之间的联结权阵的修正公式为：

$$[w_{i,x+1}(k+1)] - [w_{x,x+1}(k)] = AD_{x+1} r_{x+1}^T$$

$$D_x = [f_I'(a_I)](\sum_{x-1} w_{x-1,x})_x$$

其中，$[w_{x,x+1}]$ 为 x 层与 $x+1$ 层之间的连接权矩阵，A 称为学习参数，r_{x+1}^T 为 $x+1$ 层神经元的输出矢量的转置。上式可用于多层准线性网的各层之间，但对于第 I、X 层之间：

$$D_I = [f_I'(a_I)](\delta)$$

其中，δ 为网络输出与期望输出之间的差。因为一层神经元的输出值又是下一层神经元的输入信号，所以对于最下面一层和输入端之间的权阵的调整，应用输入矢量 b 代替 r_{x+1}。

为减少由一个训练样本对换成另一训练对时，可能产生较大误差而引起权系数的过调，引入一惯性项 B，一方面在一定程度上保持在前一次调整的方向上移动；另一方面可以去除在偏差平面上的高频变差造成的错误调整。于是，

$$[w(k+1)] - [w(k)] = AD_r^T + B[w(k) - w(k-1)]$$

通常取 $A<1$，$0<B<1$，k 为迭代次数。整个网络的均方误差，即为所有训练样本的误差平均。

$$E(w) = \lim_n [(1/n)\sum_{k=1}^{n} S_k] = \sum_k \sum_j (d_{kj} - r_{kj})^2$$

其中，$d=(d_1, \cdots, d_j, \cdots)$为期望输出，对于 i 类有 $d_i=1$，$d_j=0$，$j\neq i$。n 为训练样本个数。δ 法就是从某一初始权阵 $[w(1)]$ 出发，将训练集内各个训练样本对相继作用于网络，通过误差反传调整各层神经元的权系数，使 $E(w)$减小，直到总偏差小于某规定值或前后两轮周期训练网络总偏差的变化小于某允许值时，中止训练。最后找到某个对每一训练对都能比较相符的权矩阵。计算时，保持权值不变，那么每输入一组输入因子就可计算得到一组网络输出值，输出值最大的节点即为计算值。

本章研究以黄河口海域的环境状况和生态健康状况为对象，以生态健康指数(0.1, 0.145, 0.3)和环境健康指数(−0.1, −0.08)为考核目标，采用 BP 神经网络，建立了以黄河入海水质、黄河口海域水质综合评价指数及生态健康指数为输入变量和以黄河入海量为输出变量的神经网络模型，仿真计算了在黄河口不同入海水质情况下的最小生态需水量。

(2) 黄河口海域生态需水量计算

① 模型参数。

本模型隐含层为一层，具有两个隐含层节点，为了减少网络的复杂性和保证网络的稳

定性采用自适应学习速率，其最小学习速率为 0. 1。为了加快网络训练速度和避免网络陷入局部极小值采用加入动量项，其动量因子为 0. 6。调整神经元激励函数形式的 Sigmoid 参数取 0. 9。

② 采用的数据。

采用的数据见表 2-1-1。

表 2-1-1 BP 网络计算所采取的样本数据

时间	入海水质类别	水环境指数(I_j)	生态健康指数(H_I)	黄河入海量(m^3/s)
2002 年 5 月	4	−0. 153 87	0. 054 932	3. 62
2003 年 5 月	3	−0. 147 09	0. 070 038	1. 22
2004 年 5 月	5	−0. 082 26	0. 116 224	12. 67
2005 年 5 月	3	−0. 053 14	0. 042 756	3. 7
2006 年 5 月	3	−0. 095 4	0. 171 443	19. 98
2007 年 5 月	3. 6	−0. 079 39	0. 154 858	4. 45
2008 年 8 月	3. 3	−0. 103 06	0. 161 472	5. 44
2009 年 8 月	2	−0. 103 06	0. 209 808	10. 18
2010 年 8 月	4	−0. 111 74	0. 108 377	49. 27
2011 年 8 月	2	−0. 109 33	0. 104 221	12. 35
2012 年 5 月	2	−0. 091 21	0. 104 221	14. 60
2012 年 8 月	3	−0. 014 30	−0. 018 400	47. 94
生态需水量计算	3	−0. 08	0. 3	
	3	−0. 1	0. 145	
	3	−0. 1	0. 1	

其中入海水质类别、黄河入海量数据来源于 http://www. yellowriver. gov. cn；水环境指数、生态健康指数采用国家海洋局北海环境监测中心现场监测数据计算得到。

本 BP 网络经过 9810 次迭代训练，拟合残差为 4.17×10^{-4}，小于 0. 001，拟合残差曲线见图 2-1-1。网络模型样本输出见表 2-1-2。

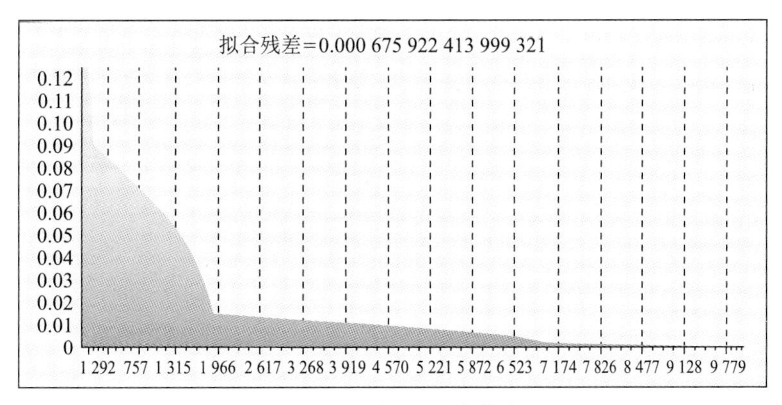

图 2-1-1 拟合残差曲线

表 2-1-2 模型输出数据(单位:亿立方米/月)

原有样本的拟合结果	样本 1(2002 年 5 月)	3.22	待识别样本识别结果	样本 1[环境(−0.1)健康(0.1)]	7.91
	样本 2(2003 年 5 月)	1.09		样本 2[环境(−0.1)健康(0.145)]	9.98
	样本 3(2004 年 5 月)	12.32		样本 3[环境(−0.08)健康(0.3)]	13.20
	样本 4(2005 年 5 月)	2.91			
	样本 5(2006 年 5 月)	19.26			
	样本 6(2007 年 5 月)	4.03			
	样本 7(2008 年 8 月)	6.06			
	样本 8(2009 年 8 月)	10.60			
	样本 9(2010 年 8 月)	47.39			
	样本 10(2011 年 8 月)	12.61			
	样本 11(2012 年 5 月)	15.11			
	样本 12(2012 年 8 月)	49.21			

由表 2-1-2 可知,该 BP 网络模型拟合效果较好,模拟黄河入海流量与实际流量非常接近,因此,本 BP 网络模型能够较真实地反映黄河口海域生态健康状况与黄河入海量的关系,5 月黄河口海域最小生态需水量——在水环境综合指数和生态系统健康综合指数为(−0.1、0.1)、(−0.1、0.145)和(−0.08、0.3)时,分别为 7.91 亿立方米、9.98 亿立方米、13.2 亿立方米,与杨建强(2014)等采用 2000 年至 2010 年的样本数据模拟结果基本吻合。

2.1.3 基于三维水动力–盐度数值模拟的黄河口生态需水量评价工作框架设计

针对近年来黄河水入海量减少引起的黄河口海域盐度升高及低盐区面积减少、生物产卵场严重退化等问题,拟从淡水入海量–盐度面积–生物效应的角度出发,开展黄河口海域生态需水量研究工作框架设计,以期进一步丰富河口海域生态需水研究的理论和方法,为后续的研究工作提供参考。

研究实验方案采用理论分析、建模与实证应用为一体的研究方法。首先在分析黄河口生态系统特征和有关生态需水研究方法的基础上,通过盐度场与海洋生物鱼卵和仔鱼空间分布的响应关系,研制基于水动力及盐度数值模拟的淡水生态需水的综合计算模型,通过水动力和盐度数值模拟确定淡水输入变化对盐度分布变化的影响,并通过盐度对海洋生物鱼卵和仔鱼的约束限制反演推导出为保持黄河口海域适当生境所需盐度需要的水量。工作方案见图 2-1-2。

2.1.4 小结

基于 2002 年至 2012 年黄河入海量数据和生态系统健康评价结果,本节以黄河口海域的环境状况和生态系统健康状况为对象,以生态系统健康指数(0.1,0.145,0.3)和环境健康指数(−0.1,−0.08)为考核目标,采用 BP 神经网络,建立了以黄河入海水质、黄河口海

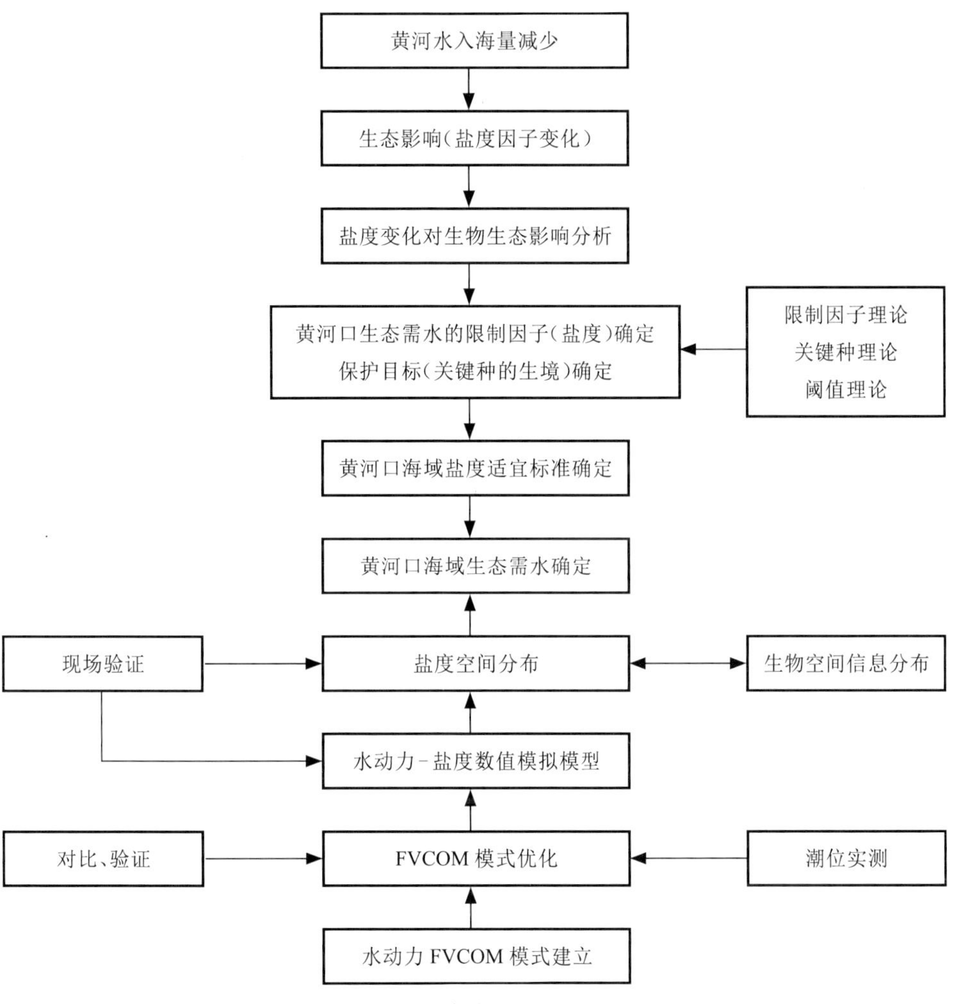

图 2-1-2　框架设计示意图

域水质综合评价指数及生态系统健康指数为输入变量和以黄河入海量为输出变量的神经网络模型，仿真计算了在黄河口不同入海水质情况下的最小生态需水量，5 月黄河口海域最小生态需水量——在水环境综合指数和生态系统健康综合指数为(-0. 1、0. 1)、(-0. 1、0. 145)和(-0. 08、0. 3)时，分别为 7. 91 亿立方米、9. 98 亿立方米、13. 2 亿立方米，模拟结果能够较真实地反映黄河口海域生态健康状况与黄河入海量的关系。

此外，针对近年来黄河水入海量减少引起的黄河口海域盐度升高及低盐区面积减少、生物产卵场严重退化等问题，拟从淡水入海量-盐度面积-生物效应的角度出发，开展了黄河口海域生态需水量研究工作框架设计，以期进一步丰富河口海域生态需水研究的理论和方法，为后续的研究工作提供参考。

参考文献

[1]　Kurup G R, Hamilton D P, Patterson J C. Modelling the Effect of Seasonal Flow Variations on the Position of Salt Wedge in a Microtidal Estuary [J]. Estuarine, Coastal and Shelf

Science, 1998, 47(2): 191-208.

[2] Robertson A I, Dixon P, Alongi D M. The Influence of Fluvial Discharge on Pelagic Production in the Gulf of Papua, Northern Coral Sea [J]. Estuarine, Coastal and Shelf Science, 1998, 46(3): 319-331.

[3] Sohma A, Sekiguchi Y, Yamada H, et al. A new coastal marine ecosystem model study couples with hydrodynamics and tidal flat ecosystem effect [J]. Marine Pollution Bulletin, 2001, 43(7-12): 187-208.

[4] 崔保山，杨志峰. 湿地生态环境需水量研究 [J]. 环境科学学报，2002, 22(2): 219-224.

[5] 崔保山，杨志峰. 湿地生态需水量等级划分与实例分析 [J]. 资源科学，2003, 25(1): 21-28.

[6] 崔拓. 河口生态环境需水量研究 [D]. 中国海洋大学博士毕业论文，2004.

[7] 黄锦辉. 黄河干流生态需水研究 [D]. 河海大学硕士毕业论文，2004.

[8] 纪书华，赵全升，吴美玲，等. 黄河中下游区域生态需水量研究 [J]. 海洋湖沼通报，2006, 4: 38-43.

[9] 李剑锋，张强，陈晓宏，等. 考虑水文变异的黄河干流河道内生态需水研究 [J]. 地理学报，2011, 66(1): 99-110.

[10] 李丽娟，李海滨，王娟. 海河流域河道外生态需水研究 [J]. 海河水利，2002, 4: 9-16

[11] 连煜，王新功，等. 基于生态水文学的黄河口湿地生态需水评价 [J]. 地理学报，2008, 63(5): 451-460.

[12] 连煜，崔树彬. 黄河水资源状况及小浪底水库以下河段生态用水研究 [J]. 南阳师范学院学报(自然科学版)，2003. 12, 2(12): 59-64.

[13] 刘晓燕，连煜，可素娟. 黄河河口生态需水分析 [J]. 水利学报，2009, 40 (8): 956-961.

[14] 沈珍瑶，贾超，杨志峰. 黄河流域地表水资源开发利用阈值研究 [D]. 北京: 北京师范大学环境学院研究报告，2002(7).

[15] 拾兵，李希宁，朱玉伟. 黄河口滨海区生态需水量研究 [J]. 人民黄河，2005, 27(10): 76-77.

[16] 粟晓玲，康绍忠. 生态需水的概念及其计算方法 [J]. 水科学进展，2003, 14(6): 740-744.

[17] 孙涛，杨志峰. 河口生态环境需水量计算方法研究 [J]. 环境科学学报，2005, 25(5): 573-579

[18] 孙涛，徐静，刘方方，等. 河口生态需水研究进展 [J]. 水科学进展，2010, 21 (2): 282-287

[19] 孙涛，杨志峰，刘静玲. 海河流域典型河口生态环境需水量 [J]. 生态学报，2004, 24, (12): 2707-2715

[20] 孙莉，司晓磊，廖展强，黄河三角洲北区湿地生态需水量研究 [J]. 人民黄河，2010, 32 (12): 112-113

[21] 王高旭，陈敏建，丰华丽，等. 黄河中下游河道生态需水研究 [J]. 中山大学学报(自然科学版)，2009，48(5)：125-130.
[22] 王西琴，刘昌明，杨志峰. 生态及环境需水量研究进展与前瞻 [J]. 水利科学进展，2002，13(14)：507-514.
[23] 王新功，魏学平，韩艳丽. 黄河河口生态保护目标及其生态需水研究 [J]. 水利科技与经济，2009，15(9)：792-795.
[24] 王新功，徐志修，黄锦辉. 黄河河口淡水湿地生态需水研究 [J]. 人民黄河，2007，29(7)：33-35.
[25] 奚歌，刘绍民，贾立. 黄河三角洲湿地蒸散量与典型植被的生态需水量 [J]. 生态学报，2008，28(11)：5367-5369.
[26] 杨建强，罗先香，石洪华. 基于生态系统健康的黄河口近岸海域生态需水量初步研究 [G]. 第四届黄河国际论坛学术论文，2009 年
[27] 杨建强，张继民，宋文鹏. 黄河口生态环境与综合承载力评估研究 [M] 北京：海洋出版社，2014.
[28] 杨志峰，崔保山，刘静玲，等. 生态环境需水量理论、方法与实践 [M]. 北京：科学出版社，2003.
[29] 郑建平. 基于盐度控制的入海河口及附近海域淡水生态需水研究 [D]. 河海大学博士论文，2008.
[30] 郑建平，王芳. 大洋河河流生态需水研究 [J]. 河海大学学报，2006，34(5)：502-504.
[31] 郑建平，王芳，华祖林，等. 海河河口生态需水量研究 [J]. 河海大学学报，2005，33(5)：518-521.
[32] 朱玉伟. 基于人工神经网络的黄河口生态环境需水量研究 [D]. 中国海洋大学硕士毕业论文，2005.

2.2 海洋生态系统健康评估技术

生态系统是维持人类环境的最基本单元，生态系统功能(生态服务功能和价值功能)是人类生存和发展的基础，生态系统健康是保证生态系统功能正常发挥的前提，因此，从某种意义上来说，保障生态系统的健康也就是保障了人类的健康。随着人口的增长与经济的发展，海洋开发强度日益加大，海洋污染物排放日益增多，海洋生态系统正遭受着前所未有的强烈扰动(养殖、捕捞、排污、港口、航运、溢油等)，并且已经呈现出生产力下降、生物多样性减少以及海水富营养化等问题，海洋生态系统的健康状况每况愈下(李会民等，2007)。海洋生态系统健康是保证其服务功能的前提，只有保持了结构和功能的完整性，并具有抵抗干扰和恢复能力，才能长期为人类社会提供服务。党的十八大和李克强总理的重要讲话均提出要把生态文明建设放在突出位置，海洋生态系统健康是建设海洋强国以及人类社会可持续发展的根本保证，而海洋生态系统健康评价则是实现海洋可持续发展的必然要求。

2.2.1 海洋生态系统健康评价研究现状

Rapport 等(1979)首次提出“生态系统医学”的概念,目的在于整体性地对一个生态系统作出“健康诊断”,随后逐步发展为“生态系统健康”这一概念,关于生态系统健康评价的研究也逐渐兴起,Schaeffer 等(1988 年)首次探讨了生态系统健康的度量问题,Karr(1993 年)基于生态完整性率先在对河流的评价中建立和使用了生物完整性指数(Index of biotic integrity, IBI),这种思想在水生生态系统健康评价实践中得到广泛应用。Costanza(1992 年)认为健康可以从“活力、组织结构和恢复力”3 个特征来定义,Epstein(1999 年)给出了海洋生态系统健康的定义:能够维持系统内部的代谢活动水平,正常的内部组织与结构,对一定时空尺度范围的压力具有抵抗力,即海洋生态系统的健康与可持续性。发展至今,生态系统健康的概念已不单纯是一个生态学上的定义,而是一个将生态-社会经济-人类健康三个领域整合在一起的综合性定义,是指生态系统内的物质循环和能量流动保持正常运作,系统本身对外在的扰动和胁迫能保持一定的弹性和恢复力。要使生态系统健康的概念具有现实意义,只有通过对生态环境进行有效可靠的、可操作的、可广泛推广的,并能为管理者提供指导信息的健康评价来实现,而决定评价是否成功的关键是如何选择适宜的评价方法与评价指标。目前开展的生态系统健康评价方法主要有两种:指示物种法评价和结构功能指标法。

指示物种评价生态系统健康,主要是依据生态系统的关键物种、特有物种、指示物种、濒危物种、长寿命物种和环境敏感物种等的数量、生物量、生产力、结构指标、功能指标及其一些生理生态指标来描述生态系统的健康状况(孔红梅,2002)。生态系统在没有外界胁迫的条件下,通过自然演替为这些指示物种造就了适宜的生境,致使这些指示物种与生态系统趋于和谐的稳定发展状态。当生态系统受到外界胁迫后,生态系统的结构和功能受到影响,这些指示物种的适宜生境受到胁迫,指示物种结构功能指标将产生明显的变化。因此,可以通过这些指示物种的结构功能指标和数量的变化来表示生态系统的健康程度,同时也可以通过这些指示物种的恢复能力表示生态系统受胁迫的恢复能力。根据马克明等人(2001 年)的研究,常用的水生生态系统指示类群包括:浮游生物、底栖无脊椎动物以及鱼类等,综合运用这些指示类群不同组织水平和生态系统的相关信息,进行水生生态系统健康评价是比较全面而可靠的研究方法。罗先香等(2009 年)综述了底栖生物指数法在海洋生态系统健康评价中的应用,便是指示物种法评价海洋生态系统健康的良好实例。目前国外生物保护文献中已提出了指示生态系统健康的 100 种脊椎动物和 32 种无脊椎动物。虽然采用生物类群指示生态系统健康的研究取得一定进展,但是仍然存在着不少问题。例如,指示物种的筛选标准不明确,不同的文献中筛选标准不一致,另外,生物保护文献中提出的指示生态系统健康的 100 种脊椎动物很少有哪一种能够符合多个标准,因为它们的移动能力强,尤其是海洋生态系统中的鱼类,与系统变化的相关性比较弱,同样多数无脊椎动物与生态系统变化也缺少相关性,不能科学准确地反映生态系统的状况。因此,指示物种及其指示物种的结构功能指标的选择应该慎重,要综合考虑到它们的敏感性和可靠性,要明确它们对生态系统健康指示作用的强弱。

结构功能指标法主要是根据生态系统的特征及其服务功能,选取生态系统的多项指标，建立评价指标体系，进一步建立数学模型后反映生态系统的结构、功能状况。合理的指标体系既要反映生态系统的总体健康水平或服务功能水平，又要反映生态系统健康的变化趋势，目前用于评价生态系统健康的指标体系按照其本身的属性可归纳为三类：物理化学指标、生态学指标以及人类健康与社会经济指标；如果按照指标在生态系统中的地位可将它们分为压力指标、状态指标以及响应指标三类，分别对应于“压力—状态—响应”（PSR）概念模型的三个环节。结构功能指标评价方法不仅包括系统综合水平、群落水平、种群及个体水平等多尺度的生态指标，体现了生态系统的复杂性，还兼收了物理、化学方面的指标以及社会经济、人类健康指标；不仅科学地反映出生态系统的健康状况，还能反映出生态系统为人类社会提供生态系统服务的质量与可持续性（Rapport，1998）；不仅反映出自然过程或人类活动给生态系统健康带来的影响与胁迫，还反映出管理者为改善或恢复生态系统的健康状况而采取的措施。该评价方法适用于任何类型的生态系统，也是目前最常用的生态系统健康评价方法。杨建强等（2002 年，2014 年）采用结构功能指示法从生态系统自身的结构与功能方面评估了莱州湾西部海域和黄河口海域的生态系统健康状况，这在我国海洋生态系统健康评价方面具有重要的指导意义。叶属峰等（2007 年）应用结构功能指标体系法成功评价了长江口海域生态系统的健康状况。国家海洋局 2005 年颁布的行业标准《近岸海洋生态健康评价指南》（HY/T 087—2005）从水环境指标、沉积物指标、生物指标、生物残毒指标、栖息地指标 5 个方面规定了海洋生态健康评价的指标体系，为结构功能指标法评价海洋生态系统健康指明了具体的方向。祁帆等（2007 年）比较全面地总结了海洋生态系统健康评价的指标体系，并列出了几种指标与海洋生态系统健康的相关性，这对于以后海洋生态系统健康评估具有较高的参考价值。李会民等（2007 年）列举了 13 种海洋生态系统健康评价因子，包括溶解氧、无机磷、无机氮、化学耗氧量、底栖生物物种多样性指数、浮游动物物种多样性指数、浮游植物物种多样性指数、初级生产力、单位养殖容量、单位渔获量、无机磷环境容量、无机氮环境容量和 COD 环境容量，并重点探讨了确定海洋生态健康评价因子权重的几种方法。结构功能指标法虽然在评价海洋生态系统健康时具有很好的综合性，但生态系统健康评价的指标选取还没有统一的标准可循，而且全部评价指标的获取是一件很困难的事，对于海洋生态系统监测的要求非常高，用于所有海洋生态系统健康评价具有一定的难度。

此外，石洪华（2012）以海湾生态系统结构和生态服务功能为主要评估内容，从生物结构指数、生境结构指数、主持功能指数、供应功能指数 4 大方面建立了 43 项指标构成的海湾生态系统健康评价指标体系，并以大亚湾为研究区域进行了评价。整体而言，海洋生态系统健康评价还处于实验和摸索阶段，尚未形成一套成熟的评价方法，指标选择的可操作性还存在许多问题，对其研究仍处于探索阶段。

2.2.2　黄河口海域生态系统健康评估方法

基于杨建强（2003，2014）建立的生态系统健康评价方法，以黄河口海域为研究对象，基于海洋公益性行业科研专项“黄河口及邻近海域生态系统管理关键技术及应用研究”（项目编号：201005009）2012 年开展的海洋调查资料进行评价。

2.2.2.1 海洋生态系统健康评价模型

海洋生态系统健康是海洋生态系统的综合特征，健康的生态系统有能力供养并维持一个平衡、完整、与环境相适应的生物群落。目前的生态系统健康评价方法包括指示物种评价和结构功能指标评价，本书主要采用结构功能指标评价方法，该方法主要是综合海洋生态系统的多项指标，反映海洋生态系统的结构与功能。

（1）评价因子选择

主要评价指标的选择是准确反映生态健康的关键。目前已有的生态健康评价指标总体可分两类：

① 仅考虑生态系统自身特点的指标体系。历史上，生态系统健康是用特殊物种或成分的指数来测量的。

② 考虑了人类活动的指标体系。可分为物理化学指标、生态学指标和社会经济指标三大类。由于考虑人类活动的生态系统健康评价指标体系在实际应用中目前还极不成熟，因此，仅从环境表征因子、生物群落结构和功能三个方面进行健康评价（图 2-2-1）。

——环境表征子系统：指表征评价海域海洋生物所处的水质环境以及沉积物环境等。限于调查项目和便于历史数据的比较，主要以透明度、盐度、溶解氧、pH、COD、$\sum$N/P、沉积物有机碳、沉积物硫化物等反映。

——生物群落结构子系统：主要以浮游植物、浮游动物、底栖生物的多样性指数以及优势度等表征。

——生态系统功能子系统：应包括生态演替、光合作用以及生产力等指标，限于调查项目和便于历史数据的比较，仅以初级生产力水平反映。

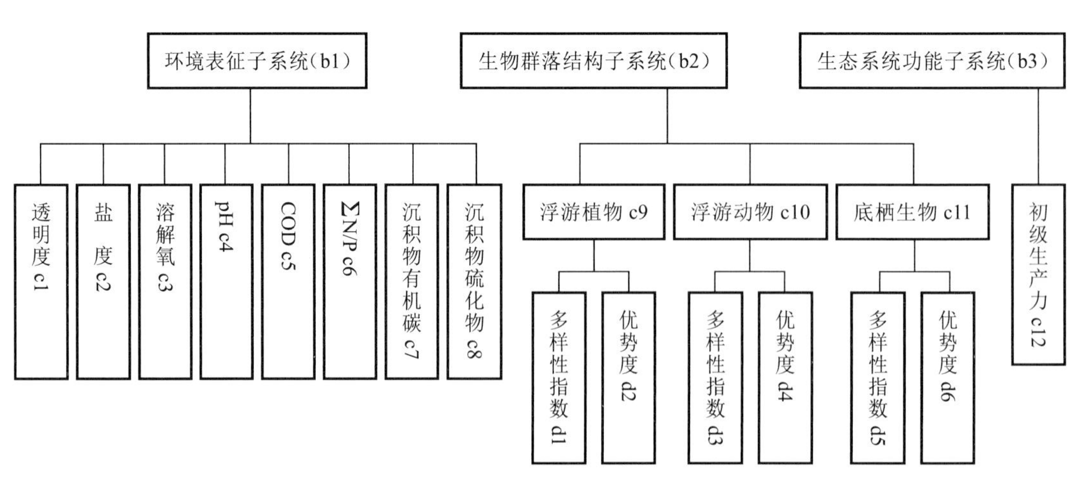

图 2-2-1　海洋生态系统健康评价指标体系（杨建强，2014）

（2）评价因子标准确定

到目前为止，还没有足够的数据来建立不同生态系统的健康标准，也没有一套成熟的表达海洋生态系统健康的标准为依据，对于动态的、无边界的、立体的海洋生态系统进行健康评价无法进行比较性评价，对于部分水质因子，虽然有水质标准可供参考，但它一般仅限于污染评价，对于不同生态系统不同的海洋生态问题，此标准是否适用还有待进一步考证。鉴于此，我们对不易确定评价标准的海洋生态健康评价采取相对评价的方法，即依靠现有的调查数据，将各评价因子的最大值、作为确定相对标准的主要依据，评价结果形式为各评价单元海洋生态系统健康的相对优劣。

（3）评价因子权重的确定

因子权重的确定采用层次分析法与人为修正相结合的方法。层次分析法（AHP）是系统工程中对非定量事物作定量分析的一种简便方法，它将各种复杂因子，用递阶层次结构形式表达出来，该方法重点在于对复杂事物中各因子赋予相应的、恰当的权重，故又称多层次权重分析法。海洋生态系统健康系统是一个多层次、多因子的复杂系统，适合采用层次分析法进行分析，其大致步骤如下。

① 层次结构的建立。

将整个系统分成A、B、C、D四层。其中，A为目标层，C与D层为决策层，B为中间层，分别对每层中各个子系统及子系统中的因子进行编号。

② 构造判断矩阵。

假定 A 层中元素 AK 与下一层次中元素 B_1、B_2、B_3，B_n 有联系，则可得判断矩阵如表 2-2-1 所示。

表 2-2-1 判断矩阵表

AK	B_1	B_2	B_3	…	B_n
B_1	b_{11}	b_{12}	b_{13}	…	b_{1n}
B_2	b_{21}	b_{22}	b_{23}	…	b_{2n}
B_3	b_{31}	b_{32}	b_{33}	…	b_{3n}
	…	…	…	…	…
B_n	b_{n1}	b_{n2}	b_{n3}	…	b_{nn}

其中 b_{ij} 表示对于 AK 而言，B_i 对 B_j 的相对重要性的数值。为了使决策判断定量化，形成上述数值判断矩阵，引用 1-9 标度方法。具体可参考有关文献。

③ 层次单排序。

层次单排序是根据构造判断矩阵，计算出本层次因子对于上一层次某因子相互之间的权重。层次单排序最后归结为计算判断矩阵（B）的特征根和特征向量，即计算满足（$B_w=\lambda_{max}W$）的特征向量，λ_{max} 为矩阵 B 的最大特征值，W 为对应于 λ_{max} 的正规化特征向量，W 的分量 W_i（$i=1, 2, 3, \cdots, n$）是相应因子单排序的权值。

④ 一致性检验。

为了检验判断矩阵的一致性，需要计算它的一致性指标（CI），定义如下：

$$CI = (\max - n)/(1-n)$$

当 $CI=0$ 时，判断矩阵具有完全一致性。为使判断矩阵有满意的一致性，引入平均随机一致性指标 RI，它是美国橡树岭国家实验室等用随机方法从 1-9 标度中任取数字构成的随机互反矩阵，从而计算出一个平均随机一致性指标。

将经过计算的权重根据重要程度进行人为修正，得到海洋生态系统健康评价因子和子因子权重结果，见表 2-2-2。

表 2-2-2　调查海区海洋生态健康综合评价因子权重

生态系统健康	环境子系统								结构子系统						功能子系统
子系统因子	B_1								B_2						B_3
因子权重	0.30								0.45						0.25
子因子	C1	C2	C3	C4	C5	C6	C7	C8	C9		C10		C11		C12
子因子权重	0.09	0.15	0.09	0.09	0.13	0.17	0.14	0.14	0.33		0.33		0.33		1.0
次子因子									D_1	D_2	D_3	D_4	D_5	D_6	
次子因子权重									0.6	0.4	0.6	0.4	0.6	0.4	

从表 2-2-2 可以看出，生物群落结构所占权重最大，其次为生态环境表征。该系统突出了生物群落结构对海洋生态系统健康的影响。

（4）评价公式

在确定调查海区海洋生态健康评价中各因子、子因子和次子因子权重的基础上，我们采用综合指数法对调查站位进行健康评价，j 号站位的生态系统健康综合指数（I_j）评价公式为：

$$I_j = \sum W_i \times (I_i / I_{max})\ (i=1-n)$$

式中，I_j——j 号站位生态系统健康综合指数；

W_i—— 第 i 个评价因子相对 A 层的权重；

I_i—— 第 i 个评价因子的测值；

I_{max}—— 所有站位中第 i 个评价因子的最大值；

n—— 评价因子个数。

在海洋生态健康综合评价中，许多生态因子值有一定的适宜区间，过高或过低可能对生态系统健康造成不良影响，因而我们首先探讨各因子在参与计算时的取值。

① 取正值的因子：因子值越高对海洋生态系统健康越有利，主要选取 C1、C7、C12、D1、D3、D5。

② 取负值的因子：因子值越低对海洋生态系统健康越有利，主要选取 C2、C5、C6、C8、D2、D4、D6。

③ 对于 C3（溶解氧）和 C4（pH），过高或过低对海洋生态系统健康均不利，因此，采用标准指数归负值参与计算。

标准指数计算公式如下：

$$I_i(DO) = |DO_f - DO| / (DO_f - DO_s) \quad DO \geqslant DO_s$$
$$I_i(DO) = 10 - 9DO/DO_s) \quad DO < DO_s$$
$$DO_f = 468/(31.6 + t)$$

式中，$I_i(DO)$——溶解氧标准指数；

DO_f——现场水温及氯度条件下，海水饱和氧浓度(mg/L)；

DO_s——溶解氧标准值；

t——现场温度。

pH 有其特殊性，它的标准值为 7.8～8.5，因此我们取上下限的平均值 8.15，计算式为：

$$IpH.i = |C_i - 8.15| / (C_{上} - 8.15)$$

式中，Ip H. i——pH 值的标准指数；

$C_{上}$——pH 评价标准上限值；

C_i——pH 的实测值。

(4) 健康标准分级

以 $H_i = 0$ 和 $H_i = 0.14$ 为分界点，当 $H_i > 0.14$ 时，说明该站位生态系统处于亚健康状态；当 $0 < H_i < 0.14$ 时，说明该站位生态系统处于不健康状态；当 $H_i < 0$ 时，说明该站位生态系统处于极不健康状态。

2.2.3 黄河口海域生态系统健康评价

2006 年 5 月份调查海区综合健康指数变化范围为 −0.064～0.301，平均值为 0.047；2006 年 8 月份调查海区综合健康指数变化范围为 −0.137～0.255，平均值为 0.033；2007 年 5 月份调查海区综合健康指数变化范围为 −0.132～0.157，平均值为 0.007；2007 年 8 月份调查海区综合健康指数变化范围为 −0.156～0.307，平均值为 0.057；2008 年 5 月份调查海区综合健康指数变化范围为 −0.115～0.208，平均值为 −0.024；2008 年 8 月份调查海区综合健康指数变化范围为 −0.1～0.162，平均值为 0.044；2009 年 8 月份调查海区综合健康指数变化范围为 −0.169～0.222，平均值为 0.063；2010 年 8 月份调查海区综合健康指数变化范围为 −0.156～0.255，平均值为 0.028；2012 年 5 月份调查海区综合健康指数变化范围为 −0.057～0.234，平均值为 0.096；2012 年 8 月份调查海区综合健康指数变化范围为 −0.166～0.218，平均值为 −0.014。根据各站健康综合指数的平均值结果可知，调查海区生态系统健康总体应属不健康，但从空间分布范围来看，各监测点健康状况不完全一致(表 2-2-3)。

由表 2-2-3 可知，处于亚健康状态的站位占 13.03%，处于不健康状态的站位占 53.64%，处于极不健康状态的站位占 33.33%。其中，2006 年 5 月份调查海区有 3 个站位生态系统处于亚健康状态，21 个站位处于不健康状态，9 个站位处于极不健康状态；2006 年 8 月份调查海区有 2 个站位生态系统处于亚健康状态，20 个站位处于不健康状态，11 个站位处于极不健康状态；2007 年 5 月份调查海区有 2 个站位生态系统处于亚健康状态，16 个站位处于不健康状态，15 个站位处于极不健康状态；2007 年 8 月份调查海区有 7 个站位生态系统处于亚健康状态，15 个站位处于不健康状态，11 个站位处于极不健康状态；2008 年 5 月份调查海区有 3 个站位生态系统处于亚健康状态，13 个站位处于不健康状态，8 个站位处于极不健康状态；2008 年 8 月份调查海区有 4 个站位生态系统处于亚健康状态，14 个站位处于不健康状态，7 个站位处于极不健康状态；2009 年 8 月份调查海区有 3 个站位生态系统处于亚健康状态，15 个站位处于不健康状态，7 个站位处于极不健康状态；2010 年 8 月份调查海区有 1 个站位生态系统处于亚健康状态，14 个站位处于不健康状态，5 个站位处于极不健康状态；2012 年 5 月份调查海区有 7 个站位生态系统处于亚健康状态，7 个站位处于不健康状态，3 个站位处于极不健康状态；2012 年 8 月份调查海区有 1 个站位生态系统处于亚健康状态，8 个站位处于不健康状态，11 个站位处于极不健康状态。

表 2-2-3　各站位生态系统综合健康指数统计表

站号	2006 年		2007 年		2008 年		2009 年	2010 年	2012 年	
	5 月	8 月	5 月	8 月	5 月	8 月	8 月	8 月	5 月	8 月
HH01	0.043	0.047	−0.047	−0.156	0.016	0.046	0.138	−0.035	0.181	−0.060
HH02	0.166	0.071	0.121	0.029	−0.034	0.051	0.118	0.108	0.137	−0.031
HH03	0.132	0.255	0.032	0.094						
HH04	0.017	0.125	0.155	0.092	−0.037	0.016	0.059	−0.005	0.090	0.218
HH05	−0.054	0.122	0.112	0.131						
HH06	0.099	0.088	0.092	0.24	0.044	0.026	0.125	0.081	0.171	0.055
HH07	−0.006	−0.018	0.001	−0.047						
HH08	−0.026	−0.122	−0.067	0.147	−0.034	0.04	0.072	0.005	0.234	0.060
HH09	0.034	−0.021	0.12	0.263						
HH10	0.08	0.066	0.074	0.307	0.012	0.018	0.094	0.255	0.168	−0.058
HH11	0.002	−0.107	−0.132	0.012	−0.097	−0.049	−0.026	−0.156	0.173	0.023
HH12	−0.064	−0.069	−0.088	0.114	−0.015	0.04	0.13			
HH13	0.107	0.07	−0.023	0.132	0.039	0.041	0.115	0.011	0.082	0.005
HH14	0.004	−0.137	−0.049	0.169	0.116	−0.1	−0.169	−0.116	0.090	0.036
HH15	0.025	0.148	0.064	0.088	0.002	−0.062	−0.052			
HH16	−0.018	0.093	−0.018	0.222	0.057	0.102	0.07	0.018	0.142	0.071
HH17	0.014	0.073	0.016	0.154						
HH18	0.13	0.066	−0.002	0.119	0.086	0.081	0.14	0.05		0.007
HH19	0.01	−0.079	−0.043	−0.096	0.237	0.161	0.091	0.035		−0.030
HH20	0.171	0.088	0.032	−0.003	−0.003	0.113	0.109	0.05	0.152	−0.058
HH21	−0.014	0.023	−0.07	−0.05						
HH22	0.301	0.067	0.047	0.099						
HH23	−0.038	−0.129	−0.102	−0.12						
HH24	0.117	−0.024	0.035	−0.075	−0.001	−0.02	−0.087	0.06	0.088	−0.063
HH25	0.049	0.092	−0.132	−0.062	0.003	0.009	0.016	0.007	0.031	−0.136

续表

站号	2006 年		2007 年		2008 年		2009 年	2010 年	2012 年	
	5 月	8 月	5 月	8 月	5 月	8 月	8 月	8 月	5 月	8 月
HH26	0.001	−0.016	0.05	0.015	0.058	−0.054	−0.029			
HH27	−0.01	0.059	0.042	0.045	0.073	0.146	0.222	0.069	−0.031	0.005
HH28	−0.045	−0.056	−0.113	−0.05	−0.021					
HH29	0.041	0.003	0	−0.093		0.162	0.21	0.022	−0.015	−0.008
HH30	0.058	0.077	−0.008	0.046	0.017	0.155	0.195	0.079	0.003	−0.078
HH31	0.066	0.05	0.07	0.043	0.188	0.05	0.006	−0.007		−0.166
HH32	0.127	0.132	−0.106	−0.023	0.027	−0.014	−0.066	0.032	−0.057	−0.081
HH33	0.027	0.066	0.157	0.084	0.208	0.104	0.04			
最大值	0.301	0.255	0.157	0.307	0.237	0.162	0.222	0.255	0.234	0.218
最小值	−0.064	−0.137	−0.132	−0.156	−0.097	−0.1	−0.169	−0.156	−0.057	−0.166
平均值	0.047	0.033	0.007	0.057	0.039	0.044	0.063	0.028	0.096	−0.014

表 2-2-4　黄河口海域各站位生态系统综合状态统计比较

调查时间	2006 年	2006 年	2007 年	2007 年	2008 年	2008 年	2009 年	2010 年	2012 年	2012 年
	5 月	8 月	5 月	8 月	5 月	8 月	8 月	8 月	5 月	8 月
亚健康站位数	3	2	2	7	3	4	3	1	7	1
百分比	9.1%	6.1%	6.1%	21.2%	12.5%	16.0%	12.0%	5.0%	41.2%	5.0%
不健康站位数	21	20	16	15	13	14	15	14	7	8
百分比	63.6%	60.6%	48.5%	45.5%	54.2%	56.0%	60.0%	70.0%	41.2%	40.0%
极不健康站位数	9	11	15	11	8	7	7	5	3	11
百分比	27.3%	33.3%	45.5%	33.3%	33.3%	28.0%	28.0%	25.0%	17.6%	55.0%

调查海区自 2006 年 5 月以来生态系统健康状况百分比见图 2-2-2 和图 2-2-3，从图 2-2-2 中可以看出，从 2006 年～2012 年，调查海区 5 月份处于亚健康状态的站位比例呈现上升趋势，2012 年 5 月份调查海域处于亚健康状态的站位比例达 41.2%，远高于其他年份，原因是该年份调查海域初级生产力较高；5 月份处于不健康状态的站位比例呈现下降的趋势，最高比例出现在 2006 年，为 63.6%；处于极不健康状态的站位基本呈现先升高再降低的趋势，最高比例出现在 2007 年，达 45.5%，最低比例出现在 2012 年，达 17.6%。

从图 2-2-3 中可以看出，从 2006 年～2012 年，调查海区 8 月份处于亚健康状态的站位比例呈现先上升后下降的趋势，最高值出现在 2007 年，比例为 21.2%，最低值出现在 2012 年，为 5.0%；8 月份处于不健康状态的站位比例在 2010 年呈现上升的趋势，最高比例出现在 2012 年，为 70.0%，2012 年下降至 40%；处于极不健康状态的站位比例在 2010 年之前相对稳定，维持在 30%左右，在 2012 年由于相当一部分站位透明度较低，初级生产力较小，使得处于极不健康状态的站位比例升高至 55%。

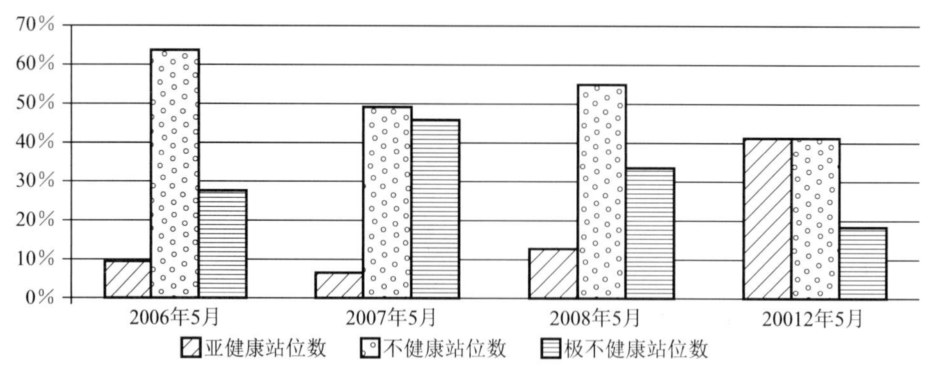

图 2-2-2 2006～2012 年 5 月份调查海区生态系统健康状态比例

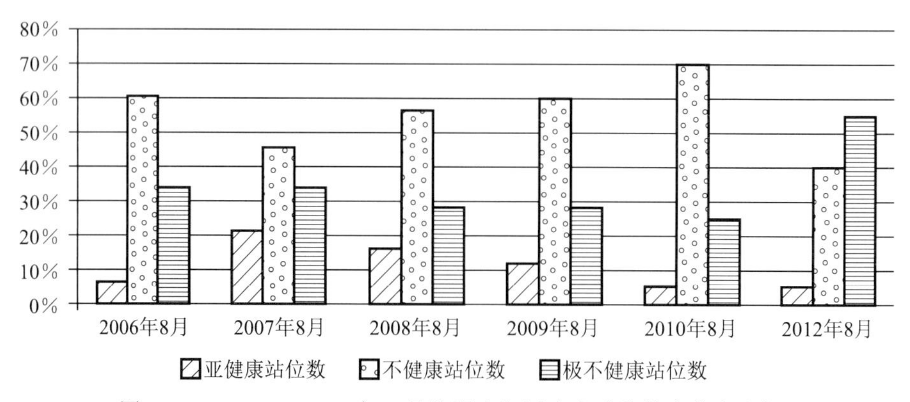

图 2-2-3 2006～2012 年 8 月份调查海区生态系统健康状态比例

2.2.4 小结

生态系统是维持人类环境的最基本单元，生态系统功能（生态服务功能和价值功能）是人类生存和发展的基础，生态系统健康是保证生态系统功能得以正常发挥的前提。本书从环境表征、生物群落结构、生态系统结构角度出发，应用结构功能法评价了黄河口海域生态系统健康状况，结果表明，从 2006～2012 年，调查海区 5 月份处于亚健康状态的站位比例呈现上升趋势，2012 年 5 月份调查海域处于亚健康状态的站位比例达 41.2%；8 月份处于亚健康状态的站位比例呈现先上升后下降的趋势，2012 年下降至 40%；处于极不健康状态的站位比例在 2010 年之前相对稳定，维持在 30% 左右，在 2012 年由于相当一部分站位透明度较低，初级生产力较小，使得处于极不健康状态的站位比例升高至 55%。

参考文献

[1] Costanza R. Toward an operational definition of ecosystem health. in Costanza et al.（1992）Ecosystem Health[M]. Washington, DC: Island Press, 1992, P. 239-256.

[2] Epstein P R. Large marine ecosystem health and human health. In: Kumpf, H., Steidinger, K., Sherman, K.（Eds.）, The Gulf of Mexico Large Marine Ecosystem: Assessment, Sustainability, and Management[J]. Blackwell Science, MA, 1999,

pp. 417-438.
[3] Karr J R. Defining and assessing ecological integrity beyond water quality. Environmental Toxicology and Chemistry[J]. 1993, 12: 1521-1531.
[4] Rapport D J, C Thorpe, H A Regier. Ecosystem medicine. Bulletin of the Ecological Society of American[J], 1979, 60: 180-182.
[5] Rapport D J. Dimensions of ecosystem health. In: Rapport, et al. (Eds.), Ecosyst. Health. Blackwell Science[M], Oxford, UK, 1998, 34-40.
[6] Sehaeffer D J, E E Henriek S, H W Kerster. Ecosystem health: 1. measuringe ecosystem health. Environmental Management[J]. 1988, 12: 445-455.
[7] 孔红梅,赵景柱. 生态系统健康评价方法初探 [J]. 应用生态学报,2002,13(4):486-490.
[8] 李会民,王洪礼,郭嘉良. 海洋生态系统健康评价研究 [J]. 生产力研究 . 2007, 10:50-51.
[9] 罗先香,杨建强. 海洋生态系统健康评价的底栖生物指数法研究进展 [J]. 海洋通报 2009, 28(3):106-112
[10] 马克明,孔红梅,关文彬. 生态系统健康评价:方法与方向 [J]. 生态学报,2001,(12):2106-2116
[11] 祁帆,李晴新,朱琳. 海洋生态系统健康评价研究进展 [J]. 海洋通报,2007,26(3):97-104.
[12] 石洪华,丁德文,郑伟,等. 海岸带复合生态系统评价、模拟与调控关键技术及其应用 [M],北京:海洋出版社,2012.
[13] 杨建强,崔文林,张洪亮,等. 莱州湾西部海域海洋生态系统健康评价的结构功能指标法 [J]. 海洋通报,2003,5(22):58-63.
[14] 杨建强,张继民,宋文鹏. 黄河口生态环境与综合承载力研究 [M]. 北京:海洋出版社,2014.
[15] 叶属峰,刘星,丁德文. 长江河口海域生态系统健康评价指标体系及其初步评价 [J]. 海洋学报,2007,29(4): 128-136.
[16] 张秋丰,屠建波,胡延忠. 天津近岸海域生态环境监控评价 [J]. 海洋通报,2008,27(5):73-78.

2.3 黄河口海域生态系统完整性评估技术

人类正以前所未有的规模和强度影响环境,破坏和改变自然生态系统,致使生态系统完整性(ecosystem integrity)不断丧失,并由此危及到人类自身的生存和社会的可持续发展。因而,生态系统完整性的研究已成为当前生态学研究中的一个热点问题(张明阳,等,2005)。生态系统完整性反映了生态系统为人类提供有价值的产品和服务的能力(de Leo and Levin ,1997)。评价生态系统完整性对于保护敏感自然生态系统免受人类干扰的影响有着重要意义。有些发达国家将测量和维护生态系统完整性作为生态系统管理的手段和目标，公共环境政策的目标就是保护生态系统完整性（Karr，1996）。在区域和流域生态系统的保护中，完整性作为环境政策的核心原则，其定义、测量和评价方法得到不断发展（Haynes，1998；Radwell，2005）。2012年，国务院以国函〔2012〕220号文批复的《长江流域综合规划（2012～2030年）》中，明确了基于生态系统完整性，开展评估与修复，对于生态系统的完整性主要体现在：根据生态系统完整性原理，建立健康长江控制性指标体系，指明了以生境多样性保护进行生物多样性保护的途径（常剑波等，2013）。针对黄河口及附近海域生态系统退化现状，基于2004～2012年的历史数据分析，本书构建了基于生物指示种和结构-功能法的黄河口生态系统完整性评估方法，以期为有效实施黄河生态系统管理提供参考依据。

2.3.1 生态系统完整性研究发展现状

（1）生态系统完整性内涵

生态系统完整性是指一个区域自然生境保持其自身平衡性、完整性和适宜性的能力，在完整性状况下，生态系统不仅能维持其自身平衡，保持其生物完整性（即在不受人为干扰的情况下，生态系统能够通过生物进化和生物地理过程维持生物群落的正常结构和功能），还能维持其对人类社会提供的各种服务功能（Karr，J R.，Dudley D R，1981）。Karr（1991）认为生态系统完整性（Ecological Integrity）是“物理的、化学的和生物的完整性的总称”，Woodley（1993）认为生态系统完整性是“生态系统的自然演化代表了世界发展的最佳模式，促进了生态系统的多样性和复杂性，并为人类提供了不可估量的利益”。

目前，生态系统完整性从狭义上讲，包含了生态系统健康、生物多样性、稳定性、可持续性、自然性和野生性以及美誉度；而从广义上来说，它是物理的、化学的和生物的完整性的总和，它是与某一原始的状态相比，质量和状态没有遭受破坏的一种状态。一个生态系统只要能够保持其复杂性和自组织的能力以及结构和功能的多样性，并且随着时间的推移，能维持生态系统的自组织的复杂性，那么它就具有完整性（张明阳，2005）。在外来压力干扰下，生态系统在自组织过程中可能存在5个演替方向：① 生态系统维持原有的状态，其耗散结构和完整性没有受到影响；② 生态系统沿着热力学分支返回到早期的演替阶段，耗散结构发生变化，其完整性受到一定程度的影响；③ 生态系统经过分歧点沿着新的热力学分支产生新的耗散结构，其完整性受到一定程度的影响；④ 生态系统演替到某一状态点后发生灾变，然后沿着新的热力学分支形成新的耗散结构，其完整性在受到严重破坏后，通过系统的自组织作用，经过一段时间后，在一定程度上得到修复；⑤ 生态系统崩溃，系统的完整性完全被破坏。从生态系统内在的自组织进程来看，在外来干扰下，如果生态系统能够一直维持它的组织结构、稳定状态、抵抗力、恢复力以及自组织能力，那么就是一个完整性良好的生态系统（黄宝荣，2006）。燕乃玲等（2007）认为生态系统完整性体现了在环境干扰下生态系统自组织的能力，或者其演化、再生和进化的能力，因此应从“系统”的角度考察完整性，包括三个层次：一是组成系统的成分是否完整，即系统是否具有本身的全部物种，二是系统的组织结构是否完整，三是系统的功能是否健康，前两个层次是对系统组成完整的要求，后一个层次则是对系统成分间的作用和过程完整的要求。考虑到生态系统包括人类，人对系统“功能”是否健康有自己的价值判断，于是对生态系统完整性就存在多维的审视层次和视角，产生了不同的关于生态系统完整性的定义。

（2）生态系统完整性评价指标

生态系统完整性评价方法包括指示物种法、状态 - 压力指标、结构与功能指标法等。

在生态系统完整性指示物种的研究中，以对水生生态系统完整性指标物种的研究比较成熟，而鱼类和底栖无脊椎动物作为水体生态指标更是得到广泛应用；同时近年来也逐渐开展对陆生生态系统和半陆生生态系统的评价，指标的选取主要集中在植被、动物、鸟类和两栖动物（张明阳，2005）。

美国环境保护机构启动的 -DE. FGH4I792 J7624 项目，把生态系统完整性指标归类为两个部分：即状态指标和压力指标。状态指标即响应指标，包括从生物个体到生态系统的各个层次生物组成、结构和过程的指标，如大小结构和物种组成。这些指标主要是从生物学方面而不是物理化学方面进行描述。响应指标系列则必须具备对环境压力有着广泛响应的特性，同时不同的指标对不同的胁迫具有不同的响应，并且对不同的空间和时间尺度的胁迫具有不同的敏感性，因此，必须选取不同类群的指标来评价。压力指标对于建立生物预期目标以及诊断遭受破坏的生物状况的可能原因都具有非常重要的意义。这类指标主要有：温度、沉淀物、水文和底泥状况、植被、营养等。

结构与功能和组成指标的优点是综合了生态系统的多项指标，反映了生态系统的过程，是从生态系统的结构、功能和演替过程等角度来衡量生态系统完整性（张明阳，2005）。生态系统完整性的评价主要是从其偏离原始的未受人类干扰的或者少受人类干扰的生态系统的程度来考虑的。鉴于目前在未受人类干扰的生态系统中很难找到，通常以评价生态系统偏离参照系的程度来评价其完整性。因此指标选取最大的挑战在于对参照系的选取和描述，其关键问题在于建立一个科学合理的评价方法，能够涵盖生态系统的各个方面。

黄宝荣（2006）从生物完整性、物理完整性和化学完整性角度出发总结了水生生态系统完整性评价指标体系（表 2-3-1）。燕乃玲等（2007）认为生态系统完整性测量的指标应包括与系统的结构完整、功能健康和环境干扰相联系的指标，如生物多样性指标、生境破碎化指标、生态系统服务功能方面的指标及干扰指标，并以此建立了长江源区生态系统完整性评价的指标体系，对源区进行了生态系统完整性的测量和评价，依据评价结果，将长江源区划分为生态良好区、生态脆弱区和优先生态恢复区。余明勇等（2007）从自然体系生产力、自然体系稳定状况与景观生态体系质量分析了双溪水电站工程建设对区域生态完整性产生的影响。

郭维东（2013）从水文角度，提出了包括最小生态基流满足率、断流指数、环境适宜指数、含沙量指数及输沙平衡程度指数 5 大要素构成的指标体系及评价标准，采用模糊综合评价模型，得出辽河中下游河段水文生态完整性评价结果，为日后辽河中下游河段的保护、修复与管理提供了决策依据。《长江流域综合规划（2012～2030）》规划之初，长江委员会就安排开展了《健康长江控制性指标研究》工作，采取鱼类和不同水生生物建立的生物完整性指标体系，在综合评定水域生态系统健康中发挥了重要作用，为将来的流域管理提供了重要工作依据（常剑波等，2013）。

表 2-3-1 水生生态系统完整性评价指标

组成	备选指数	备选指标
生物完整性	鱼类群落生物完整性指数	种类丰富度;鲈鱼科、太阳鱼科、亚口鱼科及敏感种的种类数量和特性;蓝绿鳞鳃太阳鱼、杂食鱼、食虫鲤鱼、食鱼鱼、病鱼、有瘤鱼、鱼翅受损鱼、骨骼异常鱼、杂交种等个体比例;样品中个体数目
	附着生物完整性指数	种类丰富度;硅藻属、藻青菌、优势硅藻、嗜酸硅藻、富营养型硅藻和能动型硅藻的相对丰富度;生物量、叶绿素含量、碱性磷酸盐活性
	EPT 物种丰富度指数	蜉蝣目、石蝇目、毛翅目、摇蚊科丰富度指数
	无脊椎动物群落指数	种类总数;蜉蝣目、毛翅目、双翅目种类总数;蜉蝣、石蛾、*Tribe tanutarsini* 蚊、双翅目和其他非昆虫、耐性生物体个体百分比;EPT 物种种类总数
物理完整性	QHEI 生境指数	底层类型、质量;水面林冠类型和覆盖度;河道弯曲程度、发展程度、渠道化情况、稳定性;滨岸带宽度、冲积平原质量、河岸受侵蚀情况;深滩的最大深度、形态、水流速度;浅滩深度、底层稳定性、底层嵌入程度;河流梯度
	物理生境指数	单位长度溪流中大木头块数;溪流中水滩出现频率;夏季、冬季水面林冠类型和覆盖度;针叶树茎密度;河床底层稳定性;底质质地;溪流横断面形态(沉积和剥蚀);堤岸稳定性;滨岸带宽度
化学完整性	水质指数	生化需氧量;溶解氧;总大肠杆菌;总氮;总磷;pH 值;电导率;碱度;硬度;有机氯浓度;各有机污染物质浓度;各重金属浓度;叶绿素 a 含量

注:引自黄宝荣,2006

2.3.2 基于浮游植物指示种的生态系统完整性评价研究

浮游植物的种类与数量分布,除与水温、海水盐度、水动力环境等物理性因子密切相关外,还明显受到海水中营养盐含量水平等化学因子的制约。有些浮游植物具有富集污染物质的能力,可作为污染的指示生物,在海洋环境评价研究中具有一定的意义。

(1)黄河口海域浮游植物种类组成

根据冷宇(2013)研究结果,2004～2010 年黄河海域共获浮游植物 149 种,隶属于 4 个植物门,7 纲,14 目,26 科,55 属,其中硅藻(Bacillariophyta) 40 属 115 种,占浮游植物种类组成的 77. 18%;甲藻(Pyrophyta) 11 属 30 种,占 20. 13%;金藻(Chrysophyta)和黄藻(Xanthophyta)各 2 属 2 种,分别占 1. 34%。硅藻是组成黄河口海域浮游植物的主要种类。其中,春季共获浮游植物 86 种,其中硅藻 30 属 71 种,占浮游植物种类组成的 82. 56%;甲藻 7 属 12 种,占浮游植物种类组成的 13. 95%;金藻 1 属 1 种,占 1. 16%;黄藻 2 属 2 种,占 2. 33%。夏季共获浮游植物 137 种,其中硅藻 39 属 106 种,占浮游植物种类组成的 77. 37%;甲藻 10 属 28 种,占 20. 44%;金藻 2 属 2 种,占 1. 46%;黄藻 1 属 1 种,占 0. 73%。黄河口海域夏季出现的浮游植物种类数明显多于春季。

基于海洋公益性行业科研专项"黄河口及邻近海域生态系统管理关键技术及应用研究"(201105005),2011 年 5 月共获得浮游植物 34 种,隶属于硅藻、甲藻、金藻等 3 个门,其中硅藻 29 种,甲藻 4 种,金藻 1 种。8 月网样共获得浮游植物 62 种,隶属于硅藻、甲藻、金藻等 3 个门,其中硅藻 49 种,甲藻 12 种,金藻 1 种。2012 年 5 月网样共获得浮游植物 34

种，隶属于硅藻、甲藻、金藻等 3 个门，其中硅藻 29 种，甲藻 4 种，金藻 1 种。8 月网样共获得浮游植物 76 种，隶属于硅藻、甲藻、金藻 3 个门，其中硅藻 59 种，甲藻 16 种，金藻 1 种。

我国学者经历多次调查和研究，发现渤海有近 432 个浮游植物种类，黄河口海域有 116 种，本书所获种类高于历史数量，占渤海已记录种类的 34. 5%。然而，黄河口附近海域 5 月和 8 月的物种多样性和整个渤海海域相比仍不算丰富，这主要与该海域受外海水的影响较小、黄河水入海量较多、海水盐度较低及高盐种类的数量出现较少等因素有关。

黄河口海域春、夏季浮游植物的类群组成比较相似，绝大部分属于近岸类群或广温广盐类群。根据物种的生态及分布特点，可分为 3 个主要生态类型（冷宇，2013）：

① 广温类型：该类对温度适应范围较广，其中根据物种对盐度适用性的不同又分为 3 个小类群：a. 广温广盐种，该类型对盐度适应范围广，广泛分布在远海、近海以及河口，如菱形海线藻、尖刺拟菱形藻、中肋骨条藻等。b. 广温近岸种，主要分布在近海或者河口半咸水海域，如透明辐杆藻、小原甲藻等。c. 广温高盐种：如细弱海链藻等，平时主要分布于远海高盐度海域。

② 暖水类型：适宜于在水温较高的季节和水域分布，根据它们对盐度的适应性可再分为 3 个类群：a. 暖水广盐种，如翼根管藻印度变型、强氏圆筛藻等。b. 暖水大洋种，如秘鲁角毛藻、小角角藻等。c. 暖水近岸种，如拟弯角毛藻、地中海指管藻等，是黄河口浮游植物暖水类群的主要组成部分。

③ 暖温类型：适合分布于温带地区或者水温较低的季节，根据它们对盐度的适应性又分为 3 类：a. 暖温近岸种，是黄河口暖温类浮游植物的主要组成部分，种类较多，如日本角毛藻、柔弱根管藻等。b. 暖温大洋种：如笔尖形根管藻、威氏圆筛藻等种类。c. 暖温广盐种，如并基角毛藻。

（2）黄河口海域浮游植物密度

2004 年～2012 年春季浮游植物个体密度及优势种类变化见表 2-3-2。由表 2-3-2 可知，2004 年浮游植物个体密度较低，站位最低密度为 9.6×10^3 ind/m^3，均值为 1.03×10^5 ind/m^3；而 2011 年浮游植物个体密度较大，站位最高密度达 1.56×10^7 ind/m^3，均值达 2.72×10^6 ind/m^3；在优势种类的组成上每年差异比较明显。

表 2-3-2　春季浮游植物个体密度及优势种类变化

时间（年）	个体密度（单位：10^4 ind/m^3）		优势种类
	变化范围	平均值	
2004	0. 96～61. 60	10. 32	夜光藻、具槽直链藻、卡氏角毛藻、圆筛藻、布氏双尾藻
2005	6. 18～586. 20	63. 99	斯氏根管藻、夜光藻、尖刺伪菱形藻、卡氏角毛藻
2006	1. 60～274. 13	38. 34	旋链角毛藻、卡氏角毛藻、具槽直链藻、圆筛藻、柔弱角毛藻、布氏双尾藻、格氏圆筛藻
2008	3. 00～433. 20	49. 79	夜光藻、尖刺伪菱形藻、圆筛藻、斯氏根管藻
2009	2. 94～231. 47	44. 63	圆筛藻、夜光藻、舟形藻、长菱形藻
2011	5. 01～1 557. 9	272	斯氏根管藻
2012	3. 6～1 574	242	斯氏根管藻、具槽帕拉藻

2004年～2012年夏季浮游植物个体数量及优势种类变化见表2-3-3。由表2-3-3可知，2010年浮游植物个体密度较低，站位最低密度为3.4×10^3 ind/m^3，均值为7.15×10^5 ind/m^3；而2006年浮游植物个体密度较大，站位最高密度达2.935×10^8 ind/m^3，均值达2.296×10^7 ind/m^3；在优势种类的组成上每年差异也比较明显。

表2-3-3 夏季浮游植物个体密度及优势种类变化

时间（年）	个体密度（单位：10^4 ind/m^3）		优势种类
	变化范围	平均值	
2004	38.45～3 764.06	615.29	中肋骨条藻、奇异角毛藻、棕囊藻和卡氏角毛藻
2005	10.71～10 625.50	563.94	假弯角毛藻、扁面角毛藻、垂缘角毛藻
2006	10.53～29 350.50	2 296.31	垂缘角毛藻、扁面角毛藻、中肋骨条藻、柔弱菱形藻、假弯角毛藻、佛氏海毛藻、菱形海线藻
2007	1.70～458.40	112.12	中肋骨条藻、舟形藻、细弱海链藻、菱形海线藻、劳氏角毛藻、圆筛藻
2008	3.27～433.20	78.41	中肋骨条藻、菱形海线藻、劳氏角毛藻、细弱海链藻、布氏双尾藻、圆筛藻
2009	1.00～1 304.00	138.36	垂缘角毛藻
2010	0.34～319.20	71.51	丹麦细柱藻、角毛藻、中肋骨条藻、垂缘角毛藻
2011	131.9～1 652.5	548	圆筛藻、中肋骨条藻
2012	49.3～28 748	3 525	垂缘角毛藻和中肋骨条藻

（3）季节变化分析

调查结果表明，8月浮游植物细胞数量往往高于5月1～2个数量级，甚至2005年和2006年的8月的局部调查站位细胞数量达到10^8数量级。与20世纪80年代中期和90年代同期历史资料相比，5月浮游植物细胞数量略微减少，而8月浮游植物细胞数量明显增多。王俊等（2003）研究发现，20世纪80年代初期渤海近岸海域的浮游植物细胞数量为4.80×10^6/m^3，90年代初期为8.39×10^5/m^3，90年代末期为7.11×10^5/m^3。而2004～2010年调查结果表明，黄河口附近海域5月浮游植物细胞数量均低于渤海近岸海域历史水平，而8月相反。一般来说，浮游植物的数量分布和季节变化与水域中被其直接利用的营养盐浓度分布和变化有密切的关系，渤海诸河口区来自河川的营养盐类的补充比非河口区大，河口区营养盐类的大量增加，促进了浮游植物的繁殖，经常成为浮游植物的密集区。黄河口附近海域浮游植物细胞数量状况正体现了这一特征，8月黄河处于丰水期，大量黄河水携带丰富的营养盐补充到河口附近海域，造成了浮游植物的大量繁殖。多年的水质同步监测结果也表明，8月黄河口海域表层海水SiO_3-Si和PO_4-P的平均浓度均高于5月，这可能是导致8月浮游植物大量繁殖并且数量高于5月的重要因素。经相关性分析，多数航次的浮游植物细胞数量与表层海水中SiO_3-Si和PO_4-P浓度呈显著的正相关性（$P<0.05$），但与海水表层水温、盐度、溶解氧、无机氮和浮游动物个体数量的相关性不显著，表明SiO_3-Si和PO_4-P是影响黄河口附近海域浮游植物细胞数量的重要因子。黄河口附近海域浮游植物在细胞数量组成上，硅藻占绝对优势，这也与历次调查与研究结果基本一致，符合渤海浮游植物种类以硅藻数量组成为主的特征。

（4）浮游植物优势种类及其分布

① 优势种类。

浮游植物的生长不仅受水温的制约，也受海水盐度、营养条件等环境因子的影响。黄河水年度入海量及营养盐组成的差异性，导致其邻近海域浮游植物优势种发生较大的变化。浮游植物细胞密度与优势种的数量分布有关，通过历次调查所得黄河口海域优势种类统计结果可以看出，当浮游植物细胞数量较高时，往往伴随着主要优势种的优势度较高，也就是说该海域的浮游植物数量组成，受一种或几种主要优势种类的细胞数量影响。受不稳定的环境条件影响，各次调查优势种类并不完全相同。经多年的监测数据统计分析，黄河口海域主要的优势种类为中肋骨条藻，次之为旋链角毛藻、假弯角毛藻、垂缘角毛藻、扁面角毛藻及根管藻属。

② 中肋骨条藻分布与变化。

中肋骨条藻为广温广盐性种类，在黄河口海域春、夏季广泛存在，夏季的平均密度高于春季。历年春季累计平均密度为 4.24×10^{5} ind/m^{3}，占密度组成的 56.05%。该种春季主要分布于近岸，远岸海域密度较低，个体数量分布呈自近岸向远岸递减的趋势，老黄河入海口以南近岸区明显高于北部，高值区位于受黄河水影响较小的调查区南部海域。历年夏季累计平均密度为 1.30×10^{6} ind/m^{3}，占密度组成的 16.96%。该种夏季的个体数量及站位出现率明显高于春季，生物密度仍以近岸高于远岸，高值区位于老黄河入海口以南近岸海域。

中肋骨条藻在春季的优势度不高，仅 2007 年春季的密度高达 2.93×10^{6} ind/m^{3}，成为第一优势种，其他航次调查密度较低，均未形成优势。

除 2009 年外，该种均为夏季黄河口海域浮游植物的优势种，其中 2004 年夏季在黄河口海域的平均个体密度为 4.47×10^{6} ind/m^{3} 和 5.68×10^{5} ind/m^{3}，个体数量分别占浮游植物密度组成的 72.63% 和 51.79%，成为海域的第 1 优势种。2006 年该种的平均数量也较高，为 2.93×10^{6} ind/m^{3}，成为海域的第 3 优势种。

③ 优势种变化与环境因子相关性分析。

一般来说，浮游植物的生长、优势种类的演替及其与各种环境因子如温度、光照、浊度、盐度、营养盐、捕食作用等具有密切关系，而营养盐的作用经常比其他因子更为重要。黄河口附近海域处于河海交汇区域，黄河水入海量增加导致黄河口附近海域的营养物质增多，同时海水盐度下降，与此相适应的物种如广温广盐的且最适宜在咸淡水生长的中肋骨条藻繁殖就快，从而成为该海域的优势种类。20 世纪 80 年代 5 月黄河口附近海域优势种类为斯氏根管藻，8 月为圆筛藻和辐杆藻，90 年代中期为根管藻属、圆筛藻属和菱形藻属。2004～2012 年调查结果表明，2004～2010 年黄河口附近海域的浮游植物优势种类的组成上已经发生了较大变化。根管藻属、圆筛藻属、菱形藻属及辐杆藻等优势种类的细胞数量所占的比例已经大大降低，中肋骨条藻、旋链角毛藻、假弯角毛藻、垂缘角毛藻及扁面角毛藻等优势种类出现，这可能主要与每年黄河水携带大量的营养物质入海有关。2011 年和 2012 年根管藻属又重新成为黄河口附近海域优势种类，可能与该海域营养盐的浓度持续下降有关。

（5）结论

综上所述，由于浮游植物优势种类变化较大，仅与营养盐等环境因子关系密切，难以反映其他环境因子的变化，因此从浮游植物优势种类的角度难以反映黄河口海域生态系统完整性状况。

2.3.3 基于浮游动物指示种的生态系统完整性评价研究

浮游动物是一类运动能力微弱、只能随波逐流、而且自己不能制造有机物的异养性生物。它们是海洋中的次级生产力，对海洋中的物质循环和能量流动起着重要的调控作用。浮游动物数量大、分布广、种类组成复杂，包括了无脊椎动物的大部分门类，从原生动物到尾索动物几乎都有其代表。浮游动物中还包括一些阶段性浮游动物，如许多底栖动物的浮游幼虫以及鱼卵、仔稚鱼等。浮游动物是大多数渔业生物的饵料基础，在海洋食物链中占有重要一环，其生物量和生产力的大小通常影响着渔业资源的波动。另外，有些浮游动物，例如毛虾和海蜇，本身就是可供食用的捕捞对象。同时，浮游动物随波逐流的特性决定了它与海洋环境的密切依存关系，许多种类可以作为海流、水团的指示种，浮游动物多样性还可以作为海洋气候变化的指标。

（1）浮游动物种类组成

根据冷宇（2013）研究结果，黄河口附近海域历次调查共获浮游动物成体 43 种，浮游幼虫 19 类。浮游动物成体隶属于 6 门、6 纲、12 目、28 科、31 属，其中刺胞动物门（Cnidaria）4 属 4 种，占浮游动物总种类组成的 6.45%；节肢动物门（Arthropoda）23 属 34 种，占 54.84%；毛颚动物门（Chaetognaths）1 属 2 种，占 3.23%；栉水母动物门（Ctenophora）、环节动物门（Annelida）和尾索动物门（Urochordata）各 1 种，分别占 1.61%。浮游幼虫占浮游动物总种类组成的 30.65%。浮游幼虫和节肢动物门中的桡足类（Copepoda）是组成黄河口海域浮游动物的主要类群。其中，春季共获浮游动物成体 31 种，浮游幼虫 14 种。其中水母类 5 属 5 种，多毛类 1 种，介形类 1 种，桡足类 8 属 13 种，糠虾 3 属 5 种，涟虫 2 属 2 种，端足类 2 属 2 种，十足类 1 种，毛颚动物 1 种。夏季共获浮游动物成体 29 种，浮游幼虫 16 种。其中多毛类 1 种，介形类 1 种，桡足类 10 属 13 种，糠虾 3 属 4 种，涟虫 1 种，端足类 2 属 2 种，磷虾 1 属 2 种，十足类 1 属 2 种，毛颚动物 1 属 2 种，尾索动物 1 种。

黄河口海域春、夏季浮游动物的主要组成类群皆为浮游幼虫和桡足类，一般来讲，夏季的种类数多于春季。不同季节该海域浮游动物的类群组成比较相似，都属于暖温带近岸类群。根据对温盐适应性不同的生态及分布特点，又可细分为 3 个生态类型：

广温广盐的近岸类型：黄河口海域所鉴定出的浮游动物大多属于这一类型，代表种类包括强壮箭虫、小拟哲水蚤、腹针胸刺水蚤、双毛纺锤水蚤、长腹剑水蚤、大眼剑水蚤、糠虾，以及水母和浮游幼虫。

近岸低盐种类型：包括海洋伪镖水蚤、真刺唇角水蚤、双刺唇角水蚤等。

广温高盐类型：包括中华哲水蚤、太平洋磷虾和细长脚蛾等。

（2）浮游动物密度

2005～2012 年春季浮游动物样品个体数量统计见表 2-3-4。由表 2-3-4 可知，历年浮游动物个体密度平均值为(62. 5～810. 6) ind/m³,其中,2007 年浮游动物个体密度较高,2005 年浮游动物个体密度较低,强壮箭虫和中华哲水蚤为历次调查的共有优势种类。

表 2-3-4 春季 浮游植动物个体密度及优势种类变化

时间（年）	个体密度(单位: ind/m³)		优势种类
	变化范围	平均值	
2005	2. 2～299. 8	62. 5	强壮箭虫、中华哲水蚤、长尾类幼虫和真刺唇角水蚤
2006	25. 0～417. 5	177. 0	中华哲水蚤、强壮箭虫和双刺纺锤水蚤
2007	3. 7～18 880. 0	810. 6	强壮箭虫、中华哲水蚤、双刺纺锤水蚤和短尾类溞状幼虫
2008	3. 3～481	75. 0	中华哲水蚤、强壮箭虫、长尾类幼虫和短尾类溞状幼虫
2009	49. 5～1 723. 3	455. 7	双毛纺锤水蚤、小拟哲水蚤、强壮箭虫、腹针胸刺水蚤和中华哲水蚤
2012	67. 4～551. 5	231. 1	强壮箭虫、长尾类幼虫、真刺唇角水蚤和中华哲水蚤

2005～2012 年夏季浮游动物样品个体数量统计见表 2-3-5。由表 2-3-5 可知,历年浮游动物个体密度平均值为(93. 5～434. 5) ind/m³,其中,2007 年浮游动物个体密度较高,2009 年和 2012 年浮游动物个体密度较低,强壮箭虫和真刺唇角水蚤为历次调查的共有优势种类。

表 2-3-5 夏季浮游植动物个体密度及优势种类变化

时间（年）	个体密度(单位: ind/m³)		优势种类
	变化范围	平均值	
2005	3. 9～708. 4	100. 0	强壮箭虫、真刺唇角水蚤、磁蟹溞状幼虫、小拟哲水蚤和长尾类幼虫
2006	21. 2～3 140. 0	316. 5	强壮箭虫、太平洋纺锤水蚤、长尾类幼虫、腹足类幼虫和真刺唇角水蚤
2007	40. 0～900. 0	434. 5	强壮箭虫、小拟哲水蚤、真刺唇角水蚤、长尾类幼虫和太平洋纺锤水蚤
2008	20. 0～660. 8	252. 0	强壮箭虫、蜾蠃蜚、真刺唇角水蚤、长尾类幼虫和小拟哲水蚤
2009	23. 0～225. 7	93. 5	强壮箭虫、真刺唇角水蚤、磁蟹溞状幼虫、长尾类幼虫和背针胸刺水蚤
2010	17. 5～1 547. 5	269. 3	强壮箭虫、长尾类幼虫、背针胸刺水蚤和真刺唇角水蚤
2012	2. 6～316. 0	96. 6	背针胸刺水蚤、强壮箭虫、长尾类幼虫和真刺唇角水蚤

(3) 浮游动物生物量及分布

浮游动物生物量的平面分布同个体密度的平面分布趋势大体一致,一定程度上取决于优势种的数量分布。另外,生物个体的大小对生物量的分布也有很大影响。

2005 年春季浮游动物生物量为(3. 1～575. 0) mg/m³,平均值为 144. 6 mg/m³;2006 年春季浮游动物生物量为(25. 0～1 412. 5) mg/m³,平均值为 345. 1 mg/m³;2007 年春季浮游动物生物量为(20. 0～3 700. 0) mg/m³,平均值为 549. 7 mg/m³;2008 年春季浮游动物生物量为(35. 0～618. 8) mg/m³,平均值为 230. 4 mg/m³;2009 年春季浮游动物生物量为(71. 0～1 216. 7) mg/m³,平均值为 344. 8 mg/m³。2012 年春季浮游动物生物量为(75. 0～1 536. 4) mg/m³,平均值为 377. 7 mg/m³。总体上来看,2007 年春季浮游动物生物量较高,2005 年较低。

2005年夏季浮游动物生物量为(7.9～910.0) mg/m^3，平均值为118.1 mg/m^3；2006年夏季浮游动物生物量为(22.7～600.0) mg/m^3，平均值为179.6 mg/m^3；2007年夏季浮游动物生物量为(29.6～786.7) mg/m^3，平均值为410.1 mg/m^3；2008年夏季浮游动物生物量为(25.0～786.7) mg/m^3，平均值为273.1 mg/m^3；2009年夏季浮游动物生物量为(50.6～518.2) mg/m^3，平均值为155.0 mg/m^3；2010年夏季浮游动物生物量为(55.0～980.0) mg/m^3，平均值为279.5 mg/m^3。2012年夏季游动物生物量为(20.0～210.0) mg/m^3，平均值为83.4 mg/m^3。总体来看，2007年夏季浮游动物生物量较高，2012年较低。

(4) 优势种分布

2005～2012年黄河口海域优势种主要有中华哲水蚤、真刺唇角水蚤、双毛纺锤水蚤、小拟哲水蚤、太平洋纺锤水蚤、背针胸刺水蚤、蝶赢蜚和强壮箭虫。

① 中华哲水蚤。

中华哲水蚤在黄河口海域春、夏季广泛存在，春季的密度高于夏季。历年春季累计平均密度为54.4 ind/m^3，占密度组成的13.67%，除H28站无个体分布外，其他各站均有分布。生物个体主要分布于远岸区，呈自近岸向远岸递增的趋势。历年夏季累计平均密度为6.9 ind/m^3，占密度组成的2.77%，生物个体主要分布于入海口以北海域，入海口南部仅呈零星出现，个体数量平面分布基本仍呈近岸低于远岸的趋势。

该种在历年春季均成为优势种，且在2006年和2008年春季成为第一高密度种，其平均个体密度分别为9.0 ind/m^3、89.0 ind/m^3、109.5 ind/m^3、31.3 ind/m^{3}和23.4 ind/m^3，分别占浮游动物密度组成的14.43%、50.26%、13.51%、41.71%和5.14%。

② 真刺唇角水蚤。

真刺唇角水蚤在黄河口海域春、夏季广泛存在，夏季的密度高于春季。历年春季累计平均密度为2.9 ind/m^3，占密度组成的0.72%。该种春季分布于黄河入海口南部及北部近岸海域，高值区位于老黄河入海口西南近岸海域，个体数量分布呈自近岸向远岸递增的趋势。历年夏季累计平均密度为22.0 ind/m^3，占密度组成的8.77%。该种夏季的分布范围明显大于春季，调查区各测站均有分布，个体数量平面分布基本仍呈近岸低于远岸的趋势。

该种在2005年春季成为优势种，其平均个体密度为3.0 ind/m^3，占浮游动物密度组成的4.82%。在历年夏季该种均成为优势种，其平均个体密度分别为19.6 ind/m^3、12.9 ind/m^3、43.7 ind/m^3、27.7 ind/m^3、16.1 ind/m^{3}和7.6 ind/m^3，分别占浮游动物密度组成的19.55%、4.08%、10.05%、11.00%、17.22%和2.83%。

③ 双毛纺锤水蚤。

双毛纺锤水蚤在黄河口海域春、夏季广泛存在，春季的密度高于夏季。历年春季累计平均密度为48.1 ind/m^3，占密度组成的12.08%，春季该种在各站均有分布。生物个体主要分布于近岸区，呈自近岸向远岸递减的趋势。历年夏季累计平均密度为1.3 ind/m^3，占密度组成的0.51%，个体数量主要分布于近岸海域，远岸区的站位出现率较低。

该种在2006年、2007年和2009年春季成为优势种，且在2009年春季成为第一高密度种，其平均个体密度分别为6.3 ind/m^3、103.4 ind/m^{3}和110.8 ind/m^3，分别占浮游动物密度组成的 3. 55%、12. 76%和 24. 31%。

④ 小拟哲水蚤。

小拟哲水蚤在黄河口海域春、夏季广泛存在,夏季的密度高于春季。历年春季累计平均密度为 19. 0 ind/m^3,占密度组成的 4. 76%,除调查区南部的 H32 和 H33 站无个体分布外,其他各站均有分布。生物个体平面分布基本呈自近岸向远岸递减的趋势。历年夏季累计平均密度为 21. 8 ind/m^3,占密度组成的 8. 71%,除 H29 站,其他各站均有分布。个体数量平面分布比较均匀,以远岸海域略低。该种在 2009 年春季成为优势种,其平均个体密度为 95. 9 ind/m^3,占浮游动物密度组成的 21. 04%。在 2005 年、2007 年和 2008 年夏季该种成为优势种,其平均个体密度分别为 14. 6 ind/m^3、75. 7 ind/m^3 和 10. 5 ind/m^3,分别占浮游动物密度组成的 14. 56%、17. 42%和 4. 15%。

⑤ 太平洋纺锤水蚤。

太平洋纺锤水蚤在黄河口海域春、夏季广泛存在,夏季的密度高于春季。历年春季累计平均密度为 0. 4 ind/m^3,占密度组成的 0. 10%,生物个体主要分布于老黄河入海口西南近岸海域。历年夏季累计平均密度为 32. 8 ind/m^3,占密度组成的 13. 10%,生物个体分布范围比春季明显增加,但黄河入海口以北区域的站位出现率仍然较低。该种在 2006 年和 2007 年夏季成为优势种,且在 2006 年夏季成为第二高密度种,其平均个体密度分别为 109. 2 ind/m^3 和 35. 6 ind/m^3,分别占浮游动物密度组成的 34. 51%和 8. 20%。

⑥ 背针胸刺水蚤。

背针胸刺水蚤在黄河口海域春、夏季均有出现,夏季的密度高于春季。历年春季累计平均密度为 0. 03 ind/m^3,占密度组成的 0. 01%,其站位出现率极低,仅在 H29 和 H30 站出现。历年夏季累计平均密度为 1. 9 ind/m^3,占密度组成的 0. 77%,其站位出现率虽然高于春季,但仅达 70%,个体数量以入海口周边海域略高。该种在 2009 和 2010 年夏季成为优势种,其平均个体密度分别为 6. 9 ind/m^3 和 10. 5 ind/m^3,分别占浮游动物密度组成的 7. 37%和 3. 89%。

⑦ 蝶嬴蜚。

蝶嬴蜚仅在黄河口海域夏季出现,历年夏季累计平均密度为 5. 0 ind/m^3,占密度组成的 2. 01%,该种的站位出现率较低,生物个体分布于入海口以北海域,近岸区的个体数量略高。该种仅在 2008 年夏季成为优势种,其平均个体密度为 40. 6 ind/m^3,占浮游动物密度组成的 16. 11%。

⑧ 强壮箭虫。

强壮箭虫在黄河口海域春、夏季广泛存在,春季的密度高于夏季。历年春季累计平均密度为 187. 7 ind/m^3,占密度组成的 47. 11%,调查区各站均有分布。生物个体数量平面分布基本呈自近岸向远岸递减的趋势。历年夏季累计平均密度为 109. 5 ind/m^3,占密度组成的 43. 73%,调查区各站均有分布。个体数量以入海口附近海域较高。

该种在 2005～2009 年春季均成为优势种,且在 2005 年和 2007 年成为第一高密度种,其平均个体密度分别为 30. 8 ind/m^3、43. 5 ind/m^3、453. 4 ind/m^3、23. 3 ind/m^3 和 92. 1 ind/m^3,分别占浮游动物密度组成的 49. 25 %、24. 58 %、55. 94 %、31. 06 % 和 20. 21%。在 2005～2010 年夏季该种均成为第一高密度种,其平均个体密度分别为 28. 2

ind/m^3、87.4 ind/m^3、196.7 ind/m^3、126.8 ind/m^3、36.4 ind/m^3 和 212.8 ind/m^3，分别占浮游动物密度组成的 28.17%、27.62%、45.28%、50.31%、38.89%和 79.02%。

（5）结论

综上所述，强壮箭虫在黄河口海域春、夏季广泛存在，且历年来多为优势种类，可初步考虑将强壮箭虫的数量作为黄河口海域生态系统完整性的指示物种。

2.3.4 基于大型底栖生物指示种的生态系统完整性评价研究

海洋底栖动物是海洋生物中种类最多、生态关系最复杂的类群，在海洋生态系统能量流动和物质循环中有举足轻重的作用，大型底栖动物在海洋生态系统中属于消费者亚系统，是该生态系统中物质循环、能量流动中积极的消费和转移者。由于底栖生物生活习性相对稳定且生命周期长，是近海环境监测和海洋生态系统健康评价的重要指标，在海洋污染生物监测中具有特别重要的意义。

（1）大型底栖生物种类组成

2004～2010 年黄河口海域定量采样共获底栖生物 203 种，隶属于 9 个动物门，11 纲，36 目，105 科，173 属。其中，环节动物出现的种类数最多，共 66 属，72 种，占底栖生物种类组成的 35.47%；其次为节肢动物，出现 52 属，59 种，占种类组成的 29.06%；软体动物出现 47 属，56 种，占底栖生物种类组成的 27.59%；棘皮动物和鱼类分别出现 4 属，4 种，各占底栖生物种类组成的 1.97%；腔肠动物出现 3 属，3 种，占底栖生物种类组成的 1.48%；纽形动物和螠虫分别出现 2 属，2 种，各占底栖生物种类组成的 0.99%；扁形动物出现 1 属，1 种，占底栖生物种类组成的 0.49%。

2004～2009 年春季共获底栖生物 153 种，其中，环节动物出现的种类数最多，共 51 种，占底栖生物种类组成的 33.33%；其次为节肢动物，共 48 种，占种类组成的 31.37%；软体动物出现 43 种，占 28.10%；棘皮动物出现 4 种，占 2.61%；腔肠动物和鱼类分别出现 2 种，各占 1.31%；扁形、纽形动物和螠虫分别出现 1 种，各占 0.65%。以各站位出现底栖生物种类进行累计统计，黄河口海域春季的常见种（站位出现率大于 50%者）有纵沟纽虫、寡节甘吻沙蚕、极地蚤钩虾、不倒翁虫、双唇索沙蚕、江户明樱蛤、多丝独毛虫、华岗钩毛虫、亚洲异针涟虫、细长涟虫、绒毛细足蟹、乳突半突虫、纵肋织纹螺、轮双眼钩虾、日本强鳞虫、圆筒原盒螺、囊叶卷吻齿沙蚕、西方似蛰虫、脆壳理蛤和大蝶蠃蜚等。

2004～2010 年夏季共获底栖生物 174 种，其中，环节动物出现的种类数最多，共 64 种，占底栖生物种类组成的 36.78%；其次为软体动物，共 50 种，占种类组成的 28.74%；节肢动物出现 47 种，占 27.01%；棘皮动物和鱼类分别出现 3 种，各占 1.72%；腔肠、纽形动物和螠虫分别出现 2 种，各占 1.15%；扁形动物出现 1 种，占 0.57%。以各站位出现底栖生物种类进行累计统计，黄河口海域夏季的常见种（站位出现率大于 50%者）有纵沟纽虫、脆壳理蛤、不倒翁虫、寡节甘吻沙蚕、江户明樱蛤、日本强鳞虫、多丝独毛虫、棘刺锚参、西方似蛰虫、大蝶蠃蜚、含糊拟刺虫、扁玉螺、纵肋织纹螺、绒毛细足蟹、圆筒原盒螺、轮双眼钩虾、纽虫、小刀蛏、弯指铲钩虾、独指虫、异蚓虫、塞切尔泥钩虾和华岗钩毛虫等。

（2）大型底栖生物生物量组成与分布

2004～2012 年大型底栖生物生物量变化情况见表 2-3-6。

表 2-3-6 2004 年～2012 年大型底栖生物生物量变化

时间(年)	春季		夏季	
	变化范围(g/m^2)	平均值(g/m^2)	变化范围(g/m^2)	平均值(g/m^2)
2004	0. 20～57. 40	6. 31	0. 28～32. 50	7. 71
2005	0. 04～165. 24	10. 52	0. 04～34. 44	4. 99
2006	0. 28～38. 76	7. 52	0. 24～100. 56	12. 30
2007	0. 08～37. 24	7. 64	0. 04～489. 36	23. 14
2008	0. 14～75. 34	13. 20	0～85. 80	15. 04
2009	0. 07～81. 20	7. 23	0～48. 67	6. 23
2010	—	—	0. 10～21. 95	5. 43
2011	0. 10～21. 15	6. 61	0. 10～52. 3	5. 27
2012	0～11. 13	1. 74	0～24. 7	4. 64

2004 年春季底栖生物量变化范围在(0. 20～57. 40) g/m^2 之间，平均生物量为 6. 31 g/m^2；底栖生物量构成中，以软体动物占优势，该类群平均生物量为 3. 31 g/m^2，占底栖生物总生物量的 52. 4%；多毛类次之，平均生物量为 1. 16 g/m^2，占总生物量的 18. 5%；棘皮动物居第三位，平均生物量为 0. 68 g/m^2，占总生物量的 10. 7%；甲壳类平均生物量为 0. 54 g/m^2，占 8. 6%。夏季底栖生物量变化范围在(0. 28～32. 50) g/m^2 之间，平均生物量为 7. 71 g/m^2；底栖生物量构成中，以软体动物占优势，该类群平均生物量为 4. 70 g/m^2，占底栖生物总生物量的 61. 0%；甲壳类次之，平均生物量为 1. 27 g/m^2，占总生物量的 16. 5%；多毛类居第三位，平均生物量为 0. 66 g/m^2，占总生物量的 8. 6%。

2005 年春季底栖生物量变化范围在(0. 04～165. 24) g/m^2 之间，平均生物量为 10. 52 g/m^2；底栖生物量构成中，以螠虫动物占优势，该类群平均生物量为 4. 69 g/m^2，占底栖生物总生物量的 44. 6%；软体动物次之，平均生物量为 2. 48 g/m^2，占总生物量的 23. 6%；甲壳类居第三位，平均生物量为 1. 17 g/m^2，占总生物量的 11. 1%；多毛类平均生物量为 0. 56 g/m^2，占 5. 3%。夏季底栖生物量变化范围在(0. 04～34. 44) g/m^2 之间，平均生物量为 4. 99 g/m^2；底栖生物量构成中，以软体动物占优势，该类群平均生物量为 2. 20 g/m^2，占底栖生物总生物量的 44. 0%；甲壳类次之，平均生物量为 1. 16 g/m^2，占总生物量的 23. 3%；多毛类居第三位，平均生物量为 0. 56 g/m^2，占总生物量的 11. 3%。

2006 年春季底栖生物量变化范围在(0. 28～38. 76) g/m^2 之间，平均生物量为 7. 52 g/m^2；底栖生物量构成中，以软体动物占优势，该类群平均生物量为 2. 81 g/m^2，占底栖生物总生物量的 37. 4%；甲壳类次之，平均生物量为 0. 92 g/m^2，占总生物量的 12. 3%；螠虫动物居第三位，平均生物量为 0. 92 g/m^2，占总生物量的 12. 2%；多毛类平均生物量为 0. 50 g/m^2，占 6. 7%。夏季底栖生物量变化范围在(0. 24～100. 56) g/m^2 之间，平均生物量为 12. 30 g/m^2；底栖生物量构成中，以棘皮动物占优势，该类群平均生物量为 4. 93 g/m^2，占底栖生物总生物量的 40. 1%；软体动物次之，平均生物量为 4. 38 g/m^2，占总生物量的 35. 6%；甲壳类居第三位，平均生物量为 1. 63 g/m^2，占总生物量的 13. 3%；多毛类平均生物量为 0. 66 g/m^2，占总生物量的 5. 4%。

2007 年春季底栖生物量变化范围在(0. 08～37. 24) g/m^2 之间，平均生物量为 7. 64 g/m^2；底栖生物量构成中，以甲壳类占优势，该类群平均生物量为 2. 57 g/m^2，占底栖生物总生物量的 34. 4%；棘皮动物次之，平均生物量为 1. 68 g/m^2，占总生物量的 22. 5%；软体动物居第三位，平均生物量为 1. 24 g/m^2，占总生物量的 16. 6%；多毛类平均生物量为 0. 95 g/m^2，占 12. 7%。夏季底栖生物量变化范围在(0. 04～489. 36) g/m^2 之间，平均生物量为 23. 14 g/m^2；底栖生物量构成中，以软体动物占优势，该类群平均生物量为 16. 70 g/m^2，占底栖生物总生物量的 72. 2%；甲壳类次之，平均生物量为 3. 32 g/m^2，占总生物量的 14. 3%；多毛类居第三位，平均生物量为 1. 28 g/m^2，占总生物量的 5. 5%。

2008 年春季底栖生物量变化范围在(0. 14～75. 34) g/m^2 之间，平均生物量为 13. 20 g/m^2；底栖生物量构成中，以软体动物占优势，该类群平均生物量为 5. 48 g/m^2，占底栖生物总生物量的 41. 6%；甲壳类次之，平均生物量为 2. 97 g/m^2，占总生物量的 22. 5%；棘皮动物居第三位，平均生物量为 2. 43 g/m^2，占总生物量的 18. 4%；多毛类平均生物量为 1. 26 g/m^2，占 9. 6%。夏季底栖生物量变化范围在(0～85. 80) g/m^2 之间，平均生物量为 15. 04 g/m^2；底栖生物量构成中，以软体动物占优势，该类群平均生物量为 6. 58 g/m^2，占底栖生物总生物量的 43. 8%；甲壳类次之，平均生物量为 2. 10 g/m^2，占总生物量的 13. 9%；多毛类居第三位，平均生物量为 1. 91 g/m^2，占总生物量的 12. 7%。

2009 年春季底栖生物量变化范围在(0. 07～81. 20) g/m^2 之间，平均生物量为 7. 23 g/m^2。底栖生物量构成中，以尾索动物占优势，该类群平均生物量为 2. 61 g/m^2，占底栖生物总生物量的 36. 1%；棘皮动物次之，平均生物量为 2. 17 g/m^2，占总生物量的 30. 1%；软体动物居第三位，平均生物量为 1. 10 g/m^2，占总生物量的 15. 3%；甲壳类平均生物量为 0. 94 g/m^2，占总生物量的 13. 0%；多毛类平均生物量为 0. 10 g/m^2，占 1. 30%。夏季底栖生物量变化范围在(0～48. 67) g/m^2 之间，平均生物量为 6. 23 g/m^2；底栖生物量构成中，以棘皮动物占优势，该类群平均生物量为 3. 00 g/m^2，占底栖生物总生物量的 48. 2%；甲壳类次之，平均生物量为 1. 13 g/m^2，占总生物量的 18. 1%；多毛类居第三位，平均生物量为 1. 11 g/m^2，占总生物量的 17. 7%；软体动物平均生物量为 0. 66 g/m^2，占总生物量的 10. 6%。

2010 年夏季底栖生物量变化范围在(0. 10～21. 95) g/m^2 之间，平均生物量为 5. 43 g/m^2。底栖生物量构成中，以软体动物占优势，该类群平均生物量为 2. 37 g/m^2，占底栖生物总生物量的 43. 7%；甲壳类次之，平均生物量为 1. 32g/m^2，占总生物量的 24. 2%；多毛类居第三位，平均生物量为 0. 99 g/m^2，占总生物量的 18. 1%。

2011 年春季底栖生物生物量变化范围在(0. 10～21. 15)个 / 平方米之间，平均为 6. 617 g/m^2；生物量组成中以软体动物最高，平均为 2. 41 g/m^2，占总生物量的 36%；甲壳动物次之，平均为 1. 49 g/m^2，占总生物量的 23. 0%；棘皮动物居第三位，平均为 0. 89 g/m^2，占总生物量的 13. 0%。夏季底栖生物生物量变化范围在(0. 10～52. 3) g/m^2 之间，平均为 5. 27 g/m^2；生物量组成中以棘皮动物最高，平均为 2. 40 g/m^2，占总生物量的 45. 5%；软体动物次之，平均为 1. 96 g/m^2，占总生物量的 37. 2%；甲壳动物居第三位，平均为 0. 52 g/m^2，占总生物量的 9. 8%。

2012 年春季黄河口海域底栖生物生物量变化范围在(0～11. 13) g/m^2 之间，平均为 3. 71 g/m²；生物量组成中以软体动物最高，平均为 1. 74 g/m²，占总生物量的 47. 0%；多毛类次之，平均为 0. 83 g/m²，占总生物量的 22. 3%。夏季底栖生物生物量变化范围在（0～24. 7）g/m² 之间，平均为 4. 64 g/m²。生物量组成中以鱼类最高，平均为 1. 89 g/m²，占总生物量的 40. 1%；甲壳动物次之，平均为 1. 15 g/m²，占总生物量的 24. 8%。

（3）大型底栖生物生物密度组成与分布

2004 年～2012 年大型底栖生物生物密度变化情况见表 2-3-7。

表 2-3-7　2004 年～2012 年大型底栖生物生物密度变化

时间（年）	春季		夏季	
	变化范围（ind/m²）	平均值（ind/m²）	变化范围（ind/m²）	平均值（ind/m²）
2004	12～22 184	902	8～588	160
2005	8～195	66. 8	4～300	80. 6
2006	24～276	73. 3	8～945	154. 5
2007	4～212	43. 6	4～388	81. 8
2008	21～323	102. 4	0～646	48. 9
2009	7～4 961	371. 3	0～333. 3	66. 4
2010	—	—	34～1334	380. 8
2011	10～3 500	424. 1	21～262	102. 8
2012	0～175	67. 2	0～175	62. 8

2004 年春季底栖生物密度变化范围在（12～22 184）ind/m² 之间，平均生物密度为 902 ind/m²；底栖生物密度构成以软体动物占优势，该类群平均生物密度为 714. 9 ind/m²，占底栖生物总密度的 79. 3%；甲壳类次之，平均生物密度为 132. 5 ind/m²，占总生物密度的 14. 7%；多毛类居第三位，平均生物密度为 48. 5 ind/m²，占总生物密度的 5. 4%。夏季底栖生物密度变化范围在（8～588）ind/m² 之间，平均生物密度为 160 ind/m²；底栖生物密度构成以软体动物占优势，该类群平均生物密度为 80. 1 ind/m²，占底栖生物总密度的 50. 1%；多毛类次之，平均生物密度为 37. 8 ind/m²，占总生物密度的 23. 6%；甲壳类居第三位，平均生物密度为 33. 6 ind/m²，占总生物密度的 21. 0%。

2005 年春季底栖生物密度变化范围在（8～195）ind/m² 之间，平均生物密度为 66. 8 ind/m²；底栖生物密度构成以多毛类占优势，该类群平均生物密度为 27. 2 ind/m²，占底栖生物总密度的 40. 7%；甲壳类次之，平均生物密度为 22. 7 ind/m²，占总生物密度的 33. 9%；软体动物居第三位，平均生物密度为 12. 0 ind/m²，占总生物密度的 18. 0%。夏季底栖生物密度变化范围在（4～300）ind/m² 之间，平均生物密度为 80. 6 ind/m²；底栖生物密度构成以多毛类占优势，该类群平均生物密度为 428. 7 ind/m²，占底栖生物总密度的 35. 6%；甲壳类次之，平均生物密度为 27. 6 ind/m²，占总生物密度的 34. 3%；软体动物居第三位，平均生物密度为 12. 2 ind/m²，占总生物密度的 15. 2%。

2006 年春季底栖生物密度变化范围在（24～276）ind/m² 之间，平均生物密度为 73. 3 ind/m²；底栖生物密度构成以甲壳类占优势，该类群平均生物密度为 31. 1 ind/m²，占底栖生物总密度的 42. 4%；多毛类次之，平均生物密度为 24. 9 ind/m²，占总生物密度的

34. 0%；软体动物居第三位，平均生物密度为 8. 8 ind/m^2，占总生物密度的 12. 0%。夏季底栖生物密度变化范围在（8～945）ind/m^2 之间，平均生物密度为 154. 5 ind/m^2；底栖生物密度构成以甲壳类占优势，该类群平均生物密度为 54. 1 ind/m^2，占底栖生物总密度的 35. 0%；多毛类次之，平均生物密度为 39. 2 ind/m^2，占总生物密度的 25. 3%；软体动物居第三位，平均生物密度为 33. 8 ind/m^2，占总生物密度的 21. 9%。

2007 年春季底栖生物密度变化范围在（4～212）ind/m^2 之间，平均生物密度为 43. 6 ind/m^2；底栖生物密度构成以多毛类占优势，该类群平均生物密度为 15. 4 ind/m^2，占底栖生物总密度的 35. 3%；甲壳类次之，平均生物密度为 13. 8 ind/m^2，占总生物密度的 31. 7%；软体动物居第三位，平均生物密度为 10. 3 ind/m^2，占总生物密度的 23. 6%。夏季底栖生物密度变化范围在（4～388）ind/m^2 之间，平均生物密度为 81. 8 ind/m^2；底栖生物密度构成以软体动物占优势，该类群平均生物密度为 32. 5 ind/m^2，占底栖生物总密度的 39. 7%；多毛类次之，平均生物密度为 23. 9 ind/m^2，占总生物密度的 29. 2%；甲壳类居第三位，平均生物密度为 12. 8 ind/m^2，占总生物密度的 15. 7%。

2008 年春季底栖生物密度变化范围在（21～323）ind/m^2 之间，平均生物密度为 102. 4 ind/m^2；底栖生物密度构成以多毛类占优势，该类群平均生物密度为 44. 5 ind/m^2，占底栖生物总密度的 43. 5%；甲壳类次之，平均生物密度为 43. 9 ind/m^2，占总生物密度的 42. 8%；软体动物居第三位，平均生物密度为 7. 1 ind/m^2，占总生物密度的 7. 0%。夏季底栖生物密度变化范围在（0～646）ind/m^2 之间，平均生物密度为 89. 2 ind/m^2。底栖生物密度构成以软体动物占优势，该类群平均生物密度为 48. 9 ind/m^2，占底栖生物总密度的 54. 8%；多毛类次之，平均生物密度为 25. 4 ind/m^2，占总生物密度的 28. 5%；甲壳类居第三位，平均生物密度为 8. 8 ind/m^2，占总生物密度的 9. 9%。

2009 年春季底栖生物密度变化范围在（7～4 961）ind/m^2 之间，平均生物密度为 371. 3 ind/m^2；底栖生物密度构成以甲壳类占优势，该类群平均生物密度为 280. 2 ind/m^2，占底栖生物总密度的 75. 5%；软体动物次之，平均生物密度为 50. 7 ind/m^2，占总生物密度的 13. 6%；棘皮动物居第三位，平均生物密度为 35. 0 ind/m^2，占总生物密度的 9. 4%；多毛类平均生物密度为 3. 0 ind/m^2，占总生物密度的 0. 8%。夏季底栖生物密度变化范围在（0～333. 3）ind/m^2 之间，平均生物密度为 66. 4 ind/m^2；底栖生物密度构成以多毛类占优势，该类群平均生物密度为 28. 9 ind/m^2，占底栖生物总密度的 43. 5%；甲壳类次之，平均生物密度为 21. 0 ind/m^2，占总生物密度的 31. 6%；软体动物居第三位，平均生物密度为 11. 3 ind/m^2，占总生物密度的 17. 0%。

2010 年夏季底栖生物密度变化范围在（34～1 334）ind/m^2 之间，平均生物密度为 380. 8 ind/m^2。底栖生物密度构成以多毛类占优势，该类群平均生物密度为 179. 1 ind/m^2，占底栖生物总密度的 47. 0%；软体动物次之，平均生物密度为 127. 8 ind/m^2，占总生物密度的 33. 6%；甲壳类居第三位，平均生物密度为 60. 7 ind/m^2，占总生物密度的 15. 9%。

2011 年春季调查海域底栖生物栖息密度变化范围在（10～3 500）个 /m^2 之间，平均为 424. 1 个 /m^2，密度组成以软体类动物最高，平均为 338. 1 个 /m^2，占总密度的 79. 7%；多毛类动物次之，为 48. 1 个 /m^2，占 11. 3%；纽形动物居第三位，为 30. 6 个 /m^2，占 7. 2%。夏季底栖生物栖息密度变化范围在（21～262）个 /m^2 之间，平均为 102. 8 个 /m^2；密度组成以多毛类动物最高，平均为 44. 2 个 /m^2，占总密度的 43. 0%；软体类动物次之，为 38. 2 个 /m^2，占 37. 2%；甲壳动物居第三位，为 14. 4 个 /m^2，占 14. 0%。

2012 年春季底栖生物栖息密度变化范围在（0～175）个 /m^2 之间，平均为 67. 2 个 /m^2。密度组成以多毛类动物最高，平均为个 31. 7 个 /m^2，占总密度的 47. 2%；甲壳动物次之，为 15. 9 个 /m^2，占 23. 6%。夏季底栖生物栖息密度变化范围在（0～175）个 /m^2 之间，平均为 62. 8 个 /m^2。密度组成以多毛类动物最高，平均为 30 个 /m^2，占总密度的 47. 8%；软体类动物次之，为 14. 3 个 /m^2，占 22. 7%。

（4）大型底栖生物群落特征

依据各次调查所出现生物种类的密度，按春、夏季分别累加平均所得资料进行各站间聚类分析结果见图 2-3-1 和图 2-3-2。

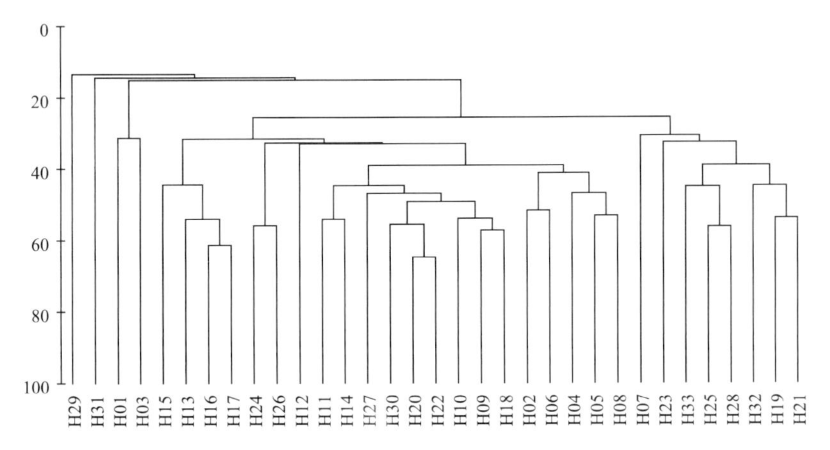

图 2-3-1　2004 年～2009 年春季底栖生物种类累加聚类分析结果

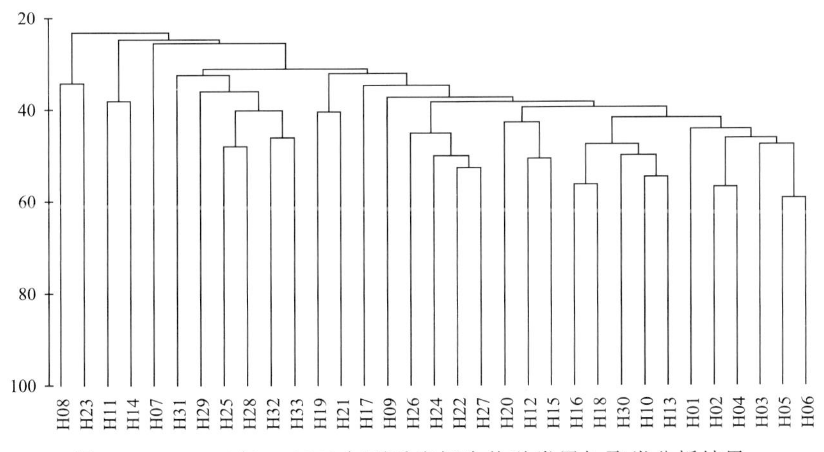

图 2-3-2　2004 年～2010 年夏季底栖生物种类累加聚类分析结果

春季聚类结果显示，在 30% 相似程度上，调查区域大致可分为近岸和远岸 2 个底栖生物群落。群落 1 为老黄河入海口以南近岸的测站群为主要特征的近岸群落，各站分布的生物种类较少，生物密度较低，优势种类不同于远岸区，以昆士兰稚齿虫、囊叶卷吻齿沙蚕、寡节甘吻沙蚕等多毛类占优势，软体动物和甲壳类则以薄荚蛏和尾钩虾的密度较高。

H01、H03 和 H29 站虽然处于近岸，而且具有分布种类少、个体密度低的近岸群落特征，但因出现的优势种与近岸群落不同，因此与其他测站的相似性程度较低。H29 站分布有大量的蛏幼体，其他优势种为中阿曼吉虫、不倒翁虫、三叶针尾涟虫、轮双眼钩虾、极地蚤钩虾和绒毛细足蟹。H01 和 H03 站优势种为多丝独毛虫、绒毛细足蟹和日本沙钩虾。群落 2 为远岸群落，各站分布的种类较多、生物密度较大、优势种类与近岸群落也不相同。其优势种类为不倒翁虫、寡节甘吻沙蚕、紫壳阿文蛤、细长涟虫和绒毛细足蟹。该群落大致分为 3 个亚群落，亚群落 Ⅰ 是位于入海口以东远岸的 H13、H15、H16、H17 站，紫壳阿文蛤在此区域内呈高密度分布，历年春季累加平均密度为 330 ind/m^2，其他优势种为不倒翁虫和寡节甘吻沙蚕。亚群落 Ⅱ 是入海口以北的远岸区，优势种类为涟虫、细长涟虫两种小个体甲壳类和寡节甘吻沙蚕。亚群落 Ⅲ 是入海口以南的远岸区，优势种类为不倒翁虫、薄壳和平蛤、涟虫、细长涟虫和绒毛细足蟹。

夏季聚类分析结果显示，在 30% 的相似程度上可以划分为 2 个群落类型，群落 Ⅰ 是位于老黄河入海口以南，由 H25、H28、H29、H31、H32、H33 站构成的区域，该群落历年夏季累加平均密度为 141.6 ind/m^2，优势种为西方似蛰虫、扁蛰虫、薄荚蛏、光滑河蓝蛤、短角双眼钩虾。群落 Ⅱ 是占调查区大部分海域的黄河口主群落，群落历年夏季累加平均密度为 136.2 ind/m^2，优势种为不倒翁虫、脆壳理蛤、大蝶嬴蜚和棘刺锚参。因夏季黄河水入海量大，影响范围广，受其影响春季表现出三个区域的亚群落特征在夏季不明显，而且群落内各区域之间和各测站之间的相似性较低。位于入海口附近的 H07、H08、H11、H14 站和老黄河入海口南部近岸的 H23 站，因分布的种类数较少，优势种与其他区域有较大差异，因此与其他测站的相似性较低。H07、H08 和 H23 站的优势种为脆壳理蛤和多丝独毛虫，H11、H14 站的优势种为紫壳阿文蛤、弯指铲钩虾、囊叶卷吻齿沙蚕和脆壳理蛤。

（5）大型底栖生物优势种及其分布

2004～2010 年黄河口海域优势种类主要有纵沟纽虫、寡节甘吻沙蚕、囊叶卷吻齿沙蚕、多丝独毛虫、中蚓虫、含糊拟刺虫、不倒翁虫、西方似蛰虫、脆壳理蛤、江户明樱蛤、紫壳阿文蛤、薄荚蛏、蛏幼体、涟虫、细长涟虫、大蝶嬴蜚、绒毛细足蟹、棘刺锚参。

① 纵沟纽虫。

纵沟纽虫为黄河口海域的常见种，在黄河口海域春、夏季广泛存在，历次调查均有较高的栖息密度，春季的密度高于夏季，季节变化不明显，近两年的密度具有增高的趋势。历年春季累计平均密度为 2.9 ind/m^2，占密度组成的 1.0%，除黄河入海口以北近岸和老黄河入海口无个体分布外，其他各站均有分布。历年夏季累计平均密度为 2.7 ind/m^2，占密度组成的 2.0%，除 H08 站，其他各站均有分布。该种在 2006 年、2007 年、2008 年春季成为优势种类，其平均个体密度分别为个 3.7 ind/m^2、2.2 ind/m^2 和 4.5 ind/m^2，分别占底栖生物密度组成的 4.71%、4.70% 和 4.44%。在 2009 年夏季该种为第一高密度种，其平均个体密度为 4.5 ind/m^2，占底栖生物密度组成的 6.28%。

② 寡节甘吻沙蚕。

寡节甘吻沙蚕为黄河口海域的常见种，在黄河口海域春、夏季广泛存在，历次调查均有分布，季节变化不十分明显，多数情况下春季的平均密度高于夏季。近两年的密度具有增高的趋势，2008 年、2009 年春季和 2010 年夏季的平均密度明显增高。历年春季累计平均密度为 5. 5 ind/m^2，占密度组成的 1. 9%，个体数量分布比较均匀，近岸的个体数量略低于远岸，高值区位于黄河入海口及其以北较深海域。历年夏季累计平均密度为 3. 6 ind/m^2，占密度组成的 2. 7%，个体数量分布比较均匀，高值区位于黄河入海口以北海域。该种在 2005 年、2008 年春季成为优势种，其平均个体密度分别为 4. 4 ind/m^2 和 10. 0 ind/m^2，分别占底栖生物密度组成的 6. 58%和 9. 72%。该种在 2009 年、2010 年夏季成为优势种，其平均个体密度分别为 5. 3 ind/m^2 和 14. 0 ind/m^2，分别占底栖生物密度组成的 7. 33%和 3. 66%。

③ 囊叶卷吻齿沙蚕。

囊叶卷吻齿沙蚕为黄河口海域的常见种，在黄河口海域春季数量较大，除 2010 年夏季外，历次调查均有分布。夏季密度较小，春季的密度明显高于夏季，春季以 2008 年平均密度最高，为 6. 2 ind/m^2，以 2007 年最低，为 0. 5 ind/m^2。历年春季累计平均密度为 2. 9 ind/m^2，占密度组成的 1. 0%，个体数量仅分布于近岸浅水区；历年夏季累计平均密度为 0. 8 ind/m^2，占密度组成的 0. 6%，站位出现率较低，个体数量仅分布于近岸浅水区。该种在 2008 年春季成为优势种，其平均个体密度为个 6. 2 ind/m^2，占底栖生物密度组成的 6. 02%。

④ 多丝独毛虫。

多丝独毛虫为黄河口海域的常见种，在黄河口海域春、夏季广泛存在，历次调查均有分布，以 2004 年、2005 年和 2010 年夏季的平均密度较高，2007 年、2008 年和 2009 年的栖息密度较低。历年春季累计平均密度为 1. 5 ind/m^2，占密度组成的 0. 5%，该种在黄河入海口和老黄河入海口附近分布率较低，高密度区位于黄河口以北海域；历年夏季累计平均密度为 5. 1 ind/m^2，占密度组成的 3. 8%，与春季分布趋势相同，在黄河入海口和老黄河入海口附近分布率较低，高密度区位于黄河口以北海域。该种仅在 2010 年夏季成为第二优势种，其平均个体密度为 19. 9 ind/m^2，占底栖生物密度组成的 5. 19%。

⑤ 中蚓虫。

中蚓虫仅在夏季黄河口海域出现，站位出现率较低，个体数量主要分布于黄河口以北海域。历年夏季累计平均密度为 5. 1 ind/m^2，占密度组成的 3. 8%。该种仅在 2010 年夏季成为优势种，其平均个体密度为 19. 1 ind/m^2，占底栖生物密度组成的 4. 99%。

⑥ 含糊拟刺虫。

含糊拟刺虫为黄河口海域的常见种，在黄河口海域春、夏季广泛存在，春、夏季的平均密度无明显变化。历年春季累计平均密度为 2. 0 ind/m^2，占密度组成的 0. 7%，该种在春季仅出现于远岸区；历年夏季累计平均密度为 1. 9 ind/m^2，占密度组成的 1. 4%，与春季分布趋势相同，个体数量主要分布于远岸海域，近岸区的出现率极低。该种仅在 2009 年夏季成为第三优势种，其平均个体密度为 4. 1 ind/m^2，占底栖生物密度组成的 5. 6%。该种的个体数量呈增大的趋势，其中夏季数量增加较明显，2009 年夏季该种成为黄河口海域的第三优势种。

⑦ 不倒翁虫。

不倒翁虫为黄河口海域的常见种，在黄河口海域春、夏季广泛存在，夏季的密度高于春季。历年春季累计平均密度为 4. 9 ind/m^2，占密度组成的 1. 7%，生物个体主要分布于远岸区，近岸海域的站位出现率较低，个体数量基本呈自近岸向远岸递增的趋势。历年夏季累计平均密度为6.7 ind/m²，占密度组成的5.0%，密度分布与春季基本相同，虽然近岸海域的站位出现率略有提高，但个体数量较少，生物密度仍呈自近岸向远岸递增的趋势。该种在2007年春季成为主要优势种，其平均个体密度为2.2 ind/m²，占底栖生物密度组成的4.70%。该种在2004年、2005年、2006年、2010年夏季成为优势种，其平均个体密度分别为10.3 ind/m²、5.2 ind/m²、12.0 ind/m²和13.4 ind/m²，分别占底栖生物密度组成的6.25%、6.30%、8.09%和3.49%。

⑧ 西方似蛰虫。

西方似蛰虫为黄河口海域的常见种，主要出现在夏季，春季站位出现率较低，个体数量较少，夏季的密度明显高于春季。历年春季累计平均密度为1.0 ind/m²，占密度组成的0.3%，该种春季在黄河入海口至老黄河入海口之间极少有个体分布，高值区位于黄河入海口以北和老黄河入海口以南。历年夏季累计平均密度为5.4 ind/m²，占密度组成的4.0%，夏季站位出现率及个体数量明显高于春季，高值区仍然出现于黄河入海口以北和老黄河入海口以南。该种仅在2010年夏季成为第一高密度种，其平均个体密度为34.4 ind/m²，占底栖生物密度组成的8.99%。

⑨ 脆壳理蛤。

脆壳理蛤为黄河口海域的常见种，主要在黄河口海域夏季出现，春季的站位出现率较低，密度明显低于夏季。历年春季累计平均密度为1.9 ind/m²，占密度组成的0.7%，该种春季的站位出现率较低，生物个体主要分布在黄河入海口至老黄河入海口之间海域，且数量分布比较均匀。历年夏季累计平均密度为12.7 ind/m²，占密度组成的9.4%。夏季站位出现率及个体数量明显高于春季，高值区位于黄河入海口以北和老黄河入海口以南海域。该种在2004年、2006年、2007年、2008年夏季成为优势种，其平均个体密度分别为27.7 ind/m²、8.3 ind/m²、20.6 ind/m²和10.2 ind/m²，分别占底栖生物密度组成的16.77%、5.56%、25.15%和10.98%。

⑩ 江户明樱蛤。

江户明樱蛤为黄河口海域的常见种，在黄河口海域春、夏季均有分布，夏季的密度高于春季。历年春季累计平均密度为2.2 ind/m²，占密度组成的0.8%，该种春季在黄河入海口及其以北近岸海域，以及调查区南部未出现，其他区域个体分布比较均匀，而且密度较低。历年夏季累计平均密度为3.0 ind/m²，占密度组成的2.2%，站位出现率较高，个体数量基本呈均匀分布。该种仅在2004年夏季成为优势种，其平均个体密度为7.2 ind/m²，占底栖生物密度组成的4.35%。

⑪ 紫壳阿文蛤。

紫壳阿文蛤在黄河口海域春、夏季均有分布，站位出现率较低，仅在2007年、2009年春季和2009年、2010年夏季出现在黄河口邻近海域。个体数量集中分布于黄河入海口邻近海域，其他区域数量极少，春季的密度明显高于夏季。历年春季累计平均密度为40.2 ind/m²，占密度组成的14.1%。历年夏季累计平均密度为6.8 ind/m²，占密度组成的5.1%。该种在2009年春季成为第一高密度种，其平均个体密度为249.4 ind/m²，占底栖生物密度组成的67.11%。在2010年夏季成为优势种，平均个体密度为75.4 ind/m²，占底栖生物密度组成的 19. 72%。

⑫ 薄荚蛏。

薄荚蛏为黄河口海域常见种，在黄河口海域春、夏季均有分布，站位出现率较低，春季的密度略高于夏季。历年春季累计平均密度为 5. 7 ind/m^2，占密度组成的 2. 0%，零星分布于黄河口以南和入海口邻近海域。历年夏季累计平均密度为 4. 0 ind/m^2，占密度组成的 3. 0%，零星分布于黄河口以南和入海口以东远岸海域。该种个体较小，虽然站位出现率较低，但在出现的站位上所栖息的数量较大。在 2008 年夏季成为第一高密度种，其平均个体密度为 33. 6 ind/m^2，占底栖生物密度组成的 36. 10%。

⑬ 蛏幼体。

蛏幼体在黄河口海域春、夏季均有分布，虽然站位出现率较低，但在出现的站位上所栖息的数量较大，春、夏季高密度区均为 H30 站，春季的密度高于夏季。历年春季累计平均密度为 5. 7 ind/m^2，占密度组成的 2. 0%。历年夏季累计平均密度为 4. 0 ind/m^2，占密度组成的 3. 0%。该种在 2004 年春季成为第一高密度种，其平均个体密度为 744 ind/m^2，占底栖生物密度组成的 74. 06%。

⑭ 涟虫。

涟虫仅在黄河口海域春季出现，主要分布于黄河入海口及深水区，入海口南、北两侧的近岸区未现分布，高密度区位于入海口邻近海域。该种春季历年累计平均密度为 10. 1 ind/m^2，占密度组成的 3. 6%。该种在 2004 年春季成为第一高密度种，其平均个体密度为 59. 9 ind/m^2，占底栖生物密度组成的 6. 03%。

⑮ 细长涟虫。

细长涟虫为黄河口海域的常见种，在黄河口海域春、夏季广泛存在，春季的密度高于夏季。历年春季累计平均密度为 6. 3 ind/m^2，占密度组成的 2. 2%，主要分布于黄河入海口及深水区，入海口南、北两侧的近岸区未现分布。历年夏季累计平均密度为 2. 2 ind/m^2，占密度组成的 1. 6%，分布于远岸海域，黄河入海口及以南近岸未现分布。该种在 2006 年春季成为优势种，其平均个体密度为 5. 6 ind/m^2，占底栖生物密度组成的 7. 15%。

⑯ 大蜾蠃蜚。

大蜾蠃蜚为黄河口海域的常见种，在黄河口海域春、夏季广泛存在，夏季的密度高于春季。历年春季累计平均密度为 1. 9 ind/m^2，占密度组成的 0. 7%，个体数量多分布于远岸海域，近岸的站位出现率极低；历年夏季累计平均密度为 7. 2 ind/m^2，占密度组成的 5. 4%，生物分布范围明显大于春季，但近岸区的站位出现率仍然较低。该种在 2006 年夏季成为第一高密度种，其平均个体密度为 22. 9 ind/m^2，占底栖生物密度组成的 15. 42%。

⑰ 绒毛细足蟹。

绒毛细足蟹为黄河口海域的常见种，在黄河口海域春、夏季广泛存在，个体数量多分布于远岸海域，近岸的站位出现率较低，生物个体基本呈均匀分布。春季的密度高于夏季。历年春季累计平均密度为 3. 9 ind/m^2，占密度组成的 1. 4%。历年夏季累计平均密度为 2. 8 ind/m^2，占密度组成的 2. 1%。该种在 2007 年和 2008 年春季成为优势种，其平均个体密度分别为 5. 3 ind/m^2 和 8. 6 ind/m^2，分别占底栖生物密度组成的 11. 49%和 8. 42%。

⑱ 棘刺锚参。

棘刺锚参为黄河口海域的常见种，在黄河口海域春、夏季均有分布，夏季的密度明显高于春季。历年春季累计平均密度为 0.7 ind/m^2，占密度组成的 0.2%，个体数量多分布于远岸海域，近岸的站位出现率极低，远岸区的个体基本呈均匀分布；历年夏季累计平均密度为 5.2 ind/m^2，占密度组成的 3.8%，生物分布范围明显大于春季，但老黄河入海口南部近岸仍未分布，高值区位于入海口北部。该种仅在 2006 年夏季为优势种，其平均个体密度为 19.4 ind/m^2，占底栖生物密度组成的 13.04%。

（6）结论

综上所述，大型底栖生物优势种类纵沟纽虫和寡节甘吻沙蚕均为黄河口海域的常见种，历次调查均有较高的栖息密度，季节变化不明显，可初步考虑作为黄河口海域生态系统完整性的指示物种。

2.3.5 基于浮游动物功能群指示种的生态系统完整性评价研究

功能群是用以描述在群落中功能相似的所有物种的集合，通过简化群落内部物种间的关系使得生态系统的复杂性研究过程减小。国内在底栖生物、潮间带生物和高营养层次生物等方面开展了相应研究。朱晓君（2003）对长江口九段沙（上沙、中沙和下沙）潮间带底栖动物作了调查。根据食性类型将底栖动物划分为浮游生物食者、植食者、肉食者、杂食者和碎屑食者 5 个功能群；用经典的多样性特征指数对其测度和分析。功能群种类组成，上、中、下沙无显著差异，各潮区有显著差异。证实了底栖动物功能群结构是潮间带生境梯度及环境因子变化的综合反映。李欢欢（2007）根据其食性类型划分为浮游生物食者、植食者、肉食者、杂食者和碎屑食者等 5 种功能群，用功能群方法对杭州湾南岸大桥建设区域潮间带物种生境变化的关系进行了分析。张波（2009）通过对长江口及邻近海域的高营养层次生物群落的功能群组成及其变化研究，发现长江口及邻近海域高营养层次生物群落包括鱼食性、蟹食性、虾食性、底栖动物食性、浮游生物食性和广食性 6 个功能群，由于受海洋环境变化以及鱼类洄游活动的影响，各月份长江口及邻近海域高营养层次生物群落的组成及营养级都有较大的变化。海洋浮游动物种类繁多，不同种类之间、不同种类与高营养层次之间构成了极端复杂的食物网，要以单个种类进行海洋生态系统能量流动及与之相联系的生物地球化学循环研究十分困难。因此，众多海洋科技工作者在实践中找到了浮游生物功能群这一快捷、准确、连续的方法来研究食物网和生源要素传递的状态和动力学变化，将其应用到了海洋生态系统食物网、生物地球化学循环模型及其作为海洋环境质量变化的指示生物研究中。

以黄河口海域浮游动物种类体长为标准，本书将黄河口海域的浮游动物功能群划分为 6 类：大型桡足类功能群、大型甲壳类功能群、小型桡足类功能群、毛颚类功能群、夜光虫功能群及其他类功能群。

（1）大型桡足类功能群

大型桡足类功能群包括体长为（2～5）mm 之间的饵料浮游动物，主要包括真刺唇角水蚤、双刺唇角水蚤、中华哲水蚤、舌贝幼体、猛水蚤属等。大型桡足类 2005 年到 2012 年波动平缓，密度有所下降，但是幅度不大，见图 2-3-3。从季节上来看，2006 年至 2012 年期间，5 月大型桡足类生物密度低于 8 月，这与 8 月饵料生物丰富有关；从年际变化趋势来看，桡足类生物密度呈下降趋势。经采用统计学软件 SPSS10.0 分析，大型桡足类功能群与浮游植物密度具有较好的相关性，而浮游植物密度与营养盐（硅酸盐、活性磷酸盐）水平具有较好的相关性，可初步考虑将大型桡足类功能群作为反映黄河口海域生态系统完整性状况的代表性因子。

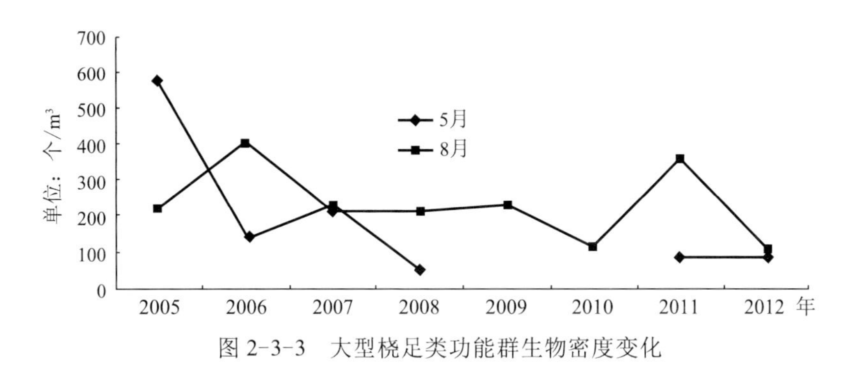

图 2-3-3 大型桡足类功能群生物密度变化

（2）大型甲壳类功能群

大型甲壳类功能群指体长大于 5 mm 的饵料浮游动物，主要包括漂浮囊糠虾、中国毛虾、黄海刺糠虾等虾类。2005～2012 年期间，大型甲壳类整体呈锐减趋势，密度大幅度缩小，见图 2-3-4。从季节变化来看，5 月大型甲壳类生物密度低于 8 月；从年际变化来看，大型甲壳类生物密度呈降低趋势。经采用统计学软件 SPSS10.0 分析，大型桡足类功能群与浮游植物密度的相关性较差，而浮游植物密度与营养盐（硅酸盐、活性磷酸盐）水平具有较好的相关性，无法作为反映黄河口海域生态系统完整性状况的代表性因子。

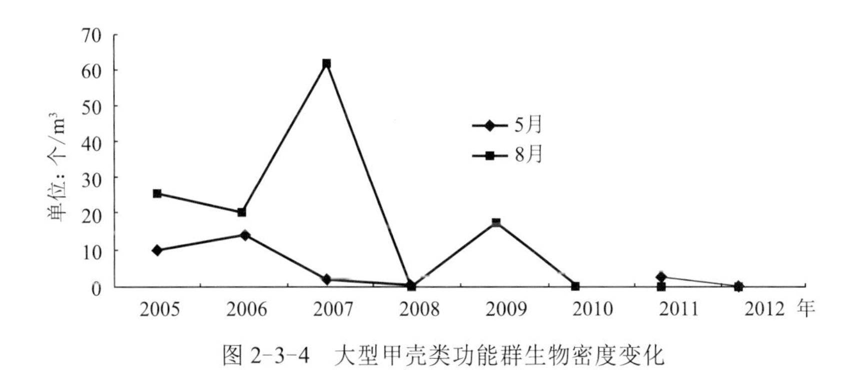

图 2-3-4 大型甲壳类功能群生物密度变化

（3）小型桡足类功能群

小型桡足类功能群指体长小于 2 mm 的浮游动物个体，主要包括双刺纺锤水蚤、小拟哲水蚤、长腹剑水蚤属、近缘大眼剑水蚤、桡足幼体、太平洋纺锤水蚤等，也包含一些大型功能群幼体。小型桡足类 2005～2012 年整体呈平稳波动状，密度上没有太大的变化，在季节变化上，8 月生物密度低于 5 月，见图 2-3-5。经采用统计学软件 SPSS10.0 分析，小型桡足类功能群与浮游植物密度具有较好的相关性，而浮游植物密度与营养盐（硅酸盐、

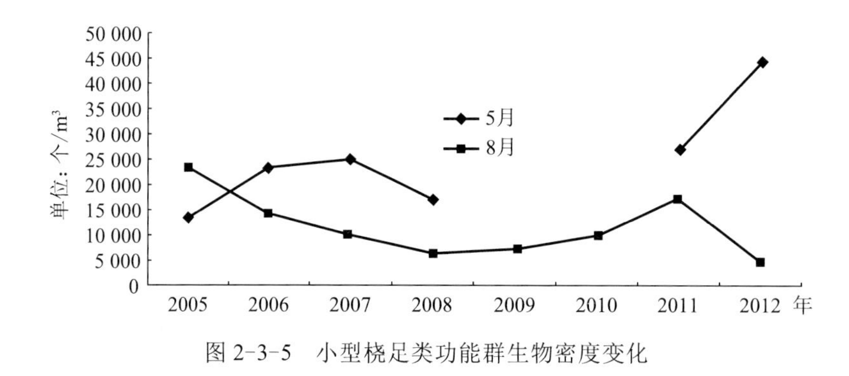

图 2-3-5　小型桡足类功能群生物密度变化

活性磷酸盐）水平具有较好的相关性，可初步考虑将小型桡足类功能群作为反映黄河口海域生态系统完整性状况的代表性因子。

（4）毛颚类功能群

毛颚类功能群身体左右对称，前端具有颚刺，有侧鳍、尾鳍，体较透明，细长似箭，故又称箭虫，主要包括强壮箭虫，箭虫属，其中强壮箭虫为优势种类。2005～2012 年，毛颚类整体波动不大，密度小幅度上升，见图 2-3-6。从季节变化来看，2005～2008 年期间，8 月毛颚类生物密度高于 5 月；2011 年和 2012 年 8 月毛颚类生物密度低于 5 月。从年际变化来看，2005～2012 年 5 月毛颚类生物密度呈上升趋势，而 8 月相反。经采用统计学软件 SPSS10. 0 分析，强壮箭虫与浮游植物密度的相关性较好，而浮游植物密度与营养盐（硅酸盐、活性磷酸盐）水平具有较好的相关性，可初步考虑毛颚类功能群作为反映黄河口海域生态系统完整性状况的代表性因子。

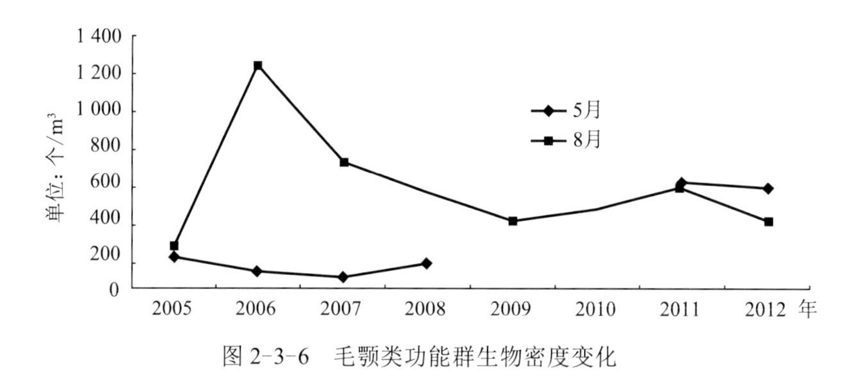

图 2-3-6　毛颚类功能群生物密度变化

（5）夜光虫

夜光虫繁殖高峰多出现在 5～6 月，可吞食大至桡足类幼虫大小的任何浮游动物，大量繁殖可造成赤潮，导致鱼类大量死亡。2005～2012 年波动幅度较大，密度整体呈下降趋势；从季节变化上来看，8 月生物密度略高于 5 月，但从趋势上来看，5 月和 8 月变化趋势基本一致，见图 2-3-7。经采用统计学软件 SPSS10. 0 分析，夜光虫与营养盐（硅酸盐、活性磷酸盐）水平相关性较差，但考虑到夜光虫密度较高时易发生赤潮，可作为反映黄河口海域海洋环境质量状况的代表性因子，但不作为反映黄河口海域生态系统完整性的因子。

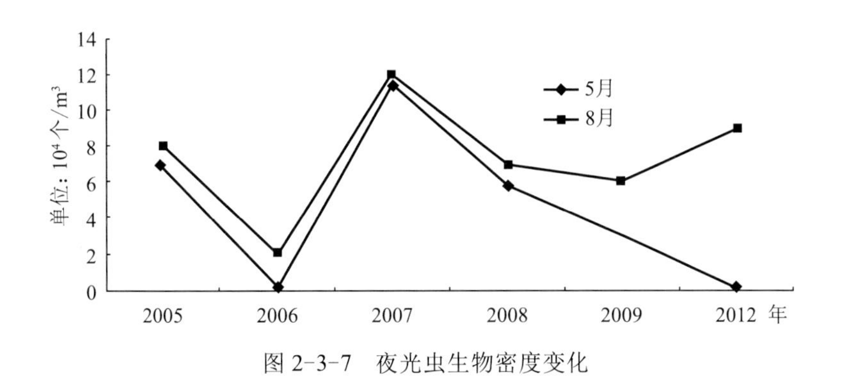

图 2-3-7 夜光虫生物密度变化

（6）其他类

主要包括一些体长不定的浮游幼虫和一些不属于其他几大功能群的浮游类，包括长尾类幼虫、多毛类幼体、腹足类幼虫、双壳类幼虫、长腕幼虫，介形类、住囊虫、鱼卵、夜光藻、网纹虫属等。2005～2012 年期间，其他类功能群起伏较大，整体密度下降幅度较大。从季节变化上看，8 月生物密度高于 5 月；从年际变化来看，5 月变化波动较大，8 月除 2005 年外，其他年份变化相对较小，见图 2-3-8 和图 2-3-9。经统计分析，其他类无法作为反映黄河口海域生态系统完整性状况的代表性因子。

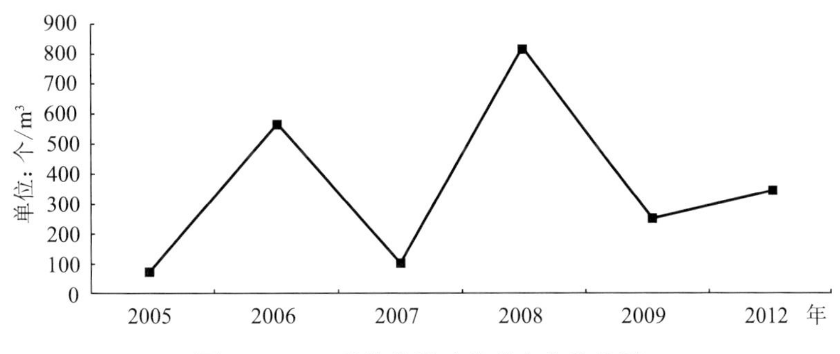

图 2-3-8 5 月其他类功能群变化趋势图

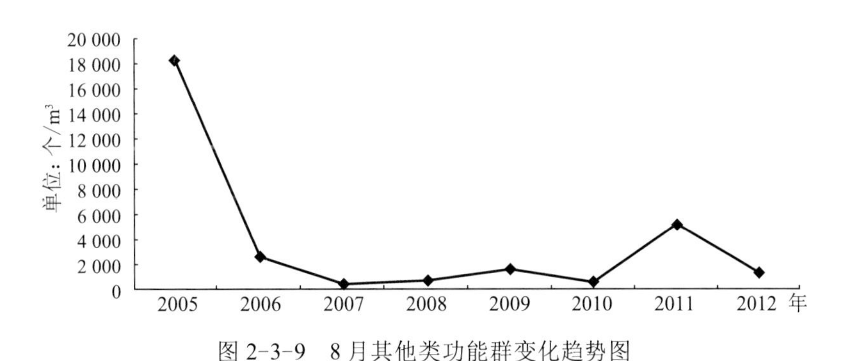

图 2-3-9 8 月其他类功能群变化趋势图

（7）结论

以黄河口海域浮游动物种类体长为标准，本书将黄河口海域的浮游动物功能群划分为 6 类：大型桡足类功能群、大型甲壳类功能群、小型桡足类功能群、毛颚类功能群、夜光虫功能群及其他类功能群。经统计分析结果表明，可初步考虑将大型桡足类功能群、小型桡足类功能群和毛颚类功能群作为反映黄河口海域生态系统完整性状况的代表性因子。

2.3.6 基于结构–功能指标法的生态系统完整性评价研究

（1）评价指标筛选原则

正确选择评价指标是科学揭示黄河口生态系统完整性的前提，本课题评价指标的选择按照以下基本原则：

① 完整性原则：指标体系应尽可能全面地反映生态系统完整性的状况；

② 简明性原则：指标概念明确，易测易得；

③ 重要性原则：指标应是反映生态的重要指标；

④ 独立性原则：某些指标间存在显著的相关性，如反映的信息重复，应择优保留；

⑤ 可评价性原则：指标均应为量化指标，并可用于地区之间的比较评价；

⑥ 稳定性原则：便于评估成果资料在较长一段时间内具有应用价值。

（2）评价指标体系构建

本研究中根据黄河口环境现状，遵循科学性、可表征性、可度量性以及可操作性的原则，筛选了评估指标体系中的关键因子。以生态系统完整性指数为总目标，以环境因子、生境因子、生物因子为系统层，建立黄河口生态系统完整性评估指标体系，见表2-3-8。

表2-3-8　黄河口生态系统完整性评价指标体系

目标层	系统层	指标	指标代表性意义
生态系统完整性指数	环境因子	盐度	海水盐度对海洋生物生长发育及生理活动有着多方面的影响，是河口海域生态最重要的基础环境因子
		氮磷比	反映浮游植物吸收营养盐状况的重要参考要素
		溶解氧	反映生物生长状况和污染状态的重要指标
	生境因子	海岸线变化速率	反映河口受人类活动影响的重要压力
		湿地面积变化速率	反映河口受人类活动影响的重要压力
	生物因子	浮游植物多样性指数	河口生态评价最直接的基础指标
		浮游动物多样性指数	河口生态评价最直接的基础指标
		底栖生物多样性	河口生态评价最直接的基础指标

（3）评价模型的构建

采用层次分析法基础上的加权求和，即通过层次分析法确定参评要素的权值。某个因素的评价分值等于各因子指标分值加权之和，即：

$$E_i = \sum_{j=1}^{n} X_j W_j$$

式中，E_i——i因素的评分值；

X_j——i评价因素中j因子的作用值；

W_i——j因子的权重值。

生态系统完整性指数的计算式为：

$$C = \sum_{j=1}^{n} E_i W_i$$

式中，C——生态系统完整性指数；

W_i——i 因素的权重值。

按照上述计算方法首先计算出各个因素的分值，然后再计算出总分值，并以此进行状态分级，确定现状。

（4）数据标准化处理

由于指标体系中的各项评价指标类型复杂，各系数之间的量纲不统一，各指标之间缺乏可比性。在利用上述指标时，必须对参评因子进行标准化处理。为了简便、明确、易于计算，首先对它们的实际数值进行等级划分，分为 3 级，然后根据它们对指数的大小及相关关系对每个等级给定标准化分值，标准化分值设定在 0～1 之间。标准化分值计算采用拉格朗日插值法、等距节点插值 - 牛顿前插法等。标准化取值范围见表 2-3-9。

（5）评价指标权重的确定

评估指标权重的确定采用专家咨询的方式并结合野外调查人员的现场经验综合确定。评价指标权重的确定见表 2-3-10。

表 2-3-9　黄河口海域生态系统完整性评价指标标准化取值范围

指标体系	标准化取值范围		
	0. 8～1. 0	0. 4～0. 8	0～0. 4
盐度	22～28	28～31	31～34
氮磷比	15～40	40～65	65～300
溶解氧	6～9	4～6	2～4
海岸线变化速率	1%～10%	10%～20%	20%～50%
湿地面积速率	−1%～−10%	−10%～−50%	−200%～−50%
	50%～200%	10%～50%	1%～10%
浮游植物多样性指数	3～4	2～3	0～2
浮游动物多样性指数	3～4	2～3	0～2
底栖生物多样性	3～4	2～3	0～2

表 2-3-10　黄河口海域生态系统完整性评价指标权重

目标层	系统层	指标权重	指标	指标权重
生态系统完整性指数	环境因子	0. 3	盐度	0. 4
			氮磷比	0. 3
			溶解氧	0. 3
	生境因子	0. 3	海岸线变化速率	0. 4
			湿地面积变化速率	0. 6
	生物因子	0. 4	浮游植物多样性指数	0. 2
			浮游动物多样性指数	0. 2
			底栖生物多样性	0. 6

（6）评估等级划分

按照综合指数从高到低排序，反映其从优到劣的变化，共分为 3 个等级：$C \geqslant 0.8$，为好状态；$0.4 \leqslant C < 0.8$，为一般状态；$0 \leqslant C < 0.4$，为差状态。根据评价结果所对应的等级，确定生态完整性状况。

（7）评价结果

以 2012 年春季补充调查监测数据为基础，开展黄河口海域生态系统完整性评价，各指标取值见表 2-3-11。结果表明，黄河口海域生态系统完整性指数 $C = 0.57$，结果等级处于一般的状况，主要是由于自然岸线的大幅度减少、氮磷比失衡严重及生物多样性较低所致。

表 2-3-11　黄河口海域生态系统完整性评价取值

指标	2012 年现状值	标准化值
盐度	27. 938	0. 97
氮磷比	95	0. 31
溶解氧	8. 41	0. 91
海岸线变化速率	43%	0. 11
湿地面积变化速率	161%	0. 92
浮游植物多样性指数	1. 56	0. 33
浮游动物多样性指数	2. 21	0. 41
底栖生物多样性	2. 36	0. 42

2.3.7　小结

基于 2004～2012 年的数据分析，本书构建了基于生物指示种和结构 - 功能法的黄河口生态系统完整性评估方法。指示物种法结果表明，由于浮游植物优势种类变化较大，仅与营养盐等环境因子关系密切，难以反映其他环境因子的变化，因此从浮游植物优势种类的角度难以反映黄河口海域生态系统完整性状况；强壮箭虫在黄河口海域春、夏季广泛存在，且历年来多为优势种类，可初步考虑将强壮箭虫的数量作为黄河口海域生态系统完整性的指示物种；大型底栖生物优势种类纵沟纽虫和寡节甘吻沙蚕均为黄河口海域的常见种，历次调查均有较高的栖息密度，季节变化不明显，可初步考虑作为黄河口海域生态系统完整性的指示物种；大型桡足类功能群、小型桡足类功能群、强壮箭虫等与浮游植物密度具有较好的相关性，可作为反映生态系统完整性状况的代表性因子。从环境因子、生物因子和生境因子方面构建了黄河口生态系统完整性综合评估指标体系，结果表明，黄河口海域生态系统完整性指数 $C = 0.57$，结果等级处于一般的状况，主要是由于自然岸线的大幅度减少、氮磷比失衡严重及生物多样性较低所致。

参考文献

[1]　De Leo and Levin. The multifaceted aspects of ecosystem interity[J]. Consevation

Ecology, 1997, 1:3

[2] Karr J R, Dudley D R. 1981, Ecological perspectives on water quality goals[J], Envir. Man, 1981, 5(4):55-68

[3] Kay J J. A nonequilbrium thermodynamics framework for discussing ecosystem integrity[J]. Environmental Management, 1991, 15:483-495

[4] Kay J J. On the natura of ecological intergrity: Some closing comments//Woodley S, ed. Ecological intergrity and the Manement of Ecosystem[M]. Florida: St. Lucie Press, 1993, 210-212

[5] Radwell A J, Kwak T J. Assessing ecological intergrity of Ozark Rivers to determine suitability for protective status[J]. Environmental Management, 2005, 35: 799-810

[6] Welsh H H, Droege S. A case for using plethodontid salamanders for monitoring biodiverdity and ecosystem intergrity of Norh American forests[J]. Conserv Biol, 2001, 15: 558-569

[7] Woodley S. Monitoring and monitoring ecological intergrity in Canadian national parks. In: Woodley S, ed. Ecological Integrity and the Management of Ecosystems[M]. Boca Raton, FL: St. Lucie Press. 1993, 83-104

[8] 常剑波,陈小娟,乔晔. 长江流域综合规划中的生态学原理及其体现 [J]. 人民长江, 2013, 44(10):15-17

[9] 郭维东,王丽,高宇,等. 辽河中下游水文生态完整性模糊综合评价 [J]. 长江科学院院报, 2013, 30(5):13-16

[10] 黄宝荣,欧阳志云,郑华,等. 生态系统完整性内涵及评价方法研究综述 [J]. 应用生态学报, 2006, 17(11):2196-2201

[11] 冷宇,张继民,刘霜,等. 黄河口及邻近海域海洋生物物种多样性 [M]. 青岛:中国海洋大学出版社, 2013

[12] 李欢欢,鲍毅新,胡知渊,等. 杭州湾南岸大桥建设区域潮间带大型底栖动物功能群及营养等级的季节动态 [J]. 动物学报, 2007, 53(6):1011-1023

[13] 燕乃玲,虞孝感. 生态系统完整性研究进展 [J]. 地理科学进展, 2007, 26(1):17-25

[14] 燕乃玲,赵秀华. 长江源区生态系统完整性测量与评价 [J]. 生态学杂志, 2007, 26(5): 723-727

[15] 余明勇,汪富贵,马军. 双溪水电站工程对区域生态完整性的影响研究 [J]. 中国农村水利水电, 2007, 1: 118-120

[16] 张波,金显仕,唐启升. 长江口及邻近海域高营养层次生物群落功能群及其变化 [J]. 应用生态学报, 2009, 20(2):344-351

[17] 张明阳,王克林,何萍. 生态系统完整性评价研究进展 [J]. 热带地理, 2005, 25(1): 10-18.

[18] 朱晓君,陆健健. 长江口九段沙潮间带底栖动物的功能群 [J]. 动物学研究, 2003, 24(5):355-361.

2.4 黄河口海域环境污染损害价值评估技术

为了有效地保护海洋生态资源、维持海洋生态系统的服务功能，保护重要的生态敏感目标，更好地协调资源开发与保护的矛盾，我国不仅建立了众多海洋自然保护区，近年来还建立了一批海洋特别保护区。“东营黄河口生态国家级海洋特别保护区”是我国2008年建立的国家级海洋特别保护区，位于东营市垦利县东部黄河下游入海处的河口海区，面积926 km^2，主要保护对象是黄河口生态系统及生物物种多样性。然而，由于受黄河径流减少、河水污染物侵入等因素影响，该海区日益失去鱼虾繁殖、栖息的条件，生物资源衰退，生物多样性受到严重威胁。连续多年的监测结果表明，环境污染导致了该保护区的环境质量下降和环境资源价值降低，削弱了环境系统本身的生态系统服务功能。因此，开展“东营黄河口生态国家级海洋特别保护区”环境污染损害价值评估研究，对于今后开展该保护区的生态保护与管理工作具有重要的参考意义。

2.4.1 环境污染损害评估技术研究

环境经济损失评估正是建立在环境评价的基础上，根据经济学原理，利用货币化技术，对环境质量破坏的现状及其带来的影响给予量化，评估环境影响带来的经济损失，为项目建设进行科学的经济分析和项目决策服务。严格讲，环境经济损失评估是环境评价范畴的一部分，环境经济损失评估将环境评价上升到环境与社会经济效益的评价，是环境评价的有益补充和发展。近年来，环境污染健康损害问题日益增多，环境污染健康赔偿或补偿难题成为导致社会群体性事件暴发的诱因，政府的公信力严重受损（易斌等，2011）。在环境污染损害问题日益突出的形势下，加快建立环境生态损害责任制度，建立健全环境生态损害评估管理制度已刻不容缓。由于污染物种类繁多，毒性各异，其迁移、转化、富集、降解与接触时间、生态特征、年龄、性别等个体差异密切相关，用评估模式定量评价环境污染对生态环境危害的经济损失，是一项复杂的工作，环境污染损害评价是国内外环境及经济学者广泛关注但未完全解决的课题（沈德福，1998）。

20世纪20年代英国经济学家阿瑟•庇古首次提出应根据污染所造成的危害对排污者征税，用税收来弥补私人成本和社会成本之间的差距。之后该理论被进一步完善，成为环境污染损失评价基础。美国经济学家艾伦•克尼斯等首次应用该理论对水污染及大气污染造成的经济损失进行评价。20世纪60年代以来，环境问题由单一的环境污染演变成为生态破坏与环境污染并存的复合性问题。美国环境经济学家克鲁梯拉（Krutilla，1967）在测算环境污染的经济影响等方面作出了很多开创性研究。这一时期有关环境成本的计算推动了对大气、水、土壤污染损失的评估，确立了市场价值法为核心的环境经济损失评估方法（Dean，2002）。之后随着环境问题的日趋严重，环境污染损失评价得到愈来愈多的关注，除了显性使用价值外，对存在价值、遗传价值和选择价值等一些隐性价值也进行评估，完善了环境污染评价体系。另外，开展了重要污染物剂量－反应关系基础研究，形成了以市场价值法为代表的环境污染损失评价方法。20世纪80年代环境污染损失评价引入“生态发展”及“可持续发展”概念，评价层次从微观层次上升到全球层次。

国际上对生态价值评估的研究已有20多年的历史，最早以美国著名生态学家 H. T. Odum 的能值理论最有影响力；此外，加拿大著名的生态学家 William Rees 1992 年首先提出了“生态足迹”度量指标。Costanza 等在 1997 年综合了国际上已经出版的用各种不同方法对生态系统服务价值的评估研究结果，在世界上最先开展了对全球生物圈生态系统服务价值的估算。其结果表明，目前全球生态系统服务的年度价值为 16 万亿～54 万亿美元，平均价值为 33 万亿美元，相当于同期全世界国民生产总值(GNP)约 18 万亿美元的 1. 8 倍；其中，海洋生态系统服务的价值约占 63%（20. 9 万亿美元）。但是，迄今为止，将环境污染对人体健康和生态危害转变成为经济价值，涉及的变量参数较多，取值方法、地点与计算结果差异甚大。迄今为止，国内外已提出多种计算方法，如旅行费用法、支付愿望法、市场价值法、人力资本法和机会成本法等，但对环境污染损失评价的相关研究在计算方法、指标选取以及数据来源等方面仍存在差别(张江山等，2006)。Dubourg (1996) 采用“剂量 - 效应法”得出了英格兰和威尔士汽车尾气排放的铅造成的污染损失。Quah (2003)采用损害函数和“剂量-效应法”估算了新加坡大气颗粒污染物(PM10)造成的健康损失，得出 1999 年大气污染损失占当年新加坡 GDP 的比重为 4. 31%的结论。Cowell et al. (1996)运用剂量—效应法和市场价值法对欧洲酸性大气污染物腐蚀建筑物和材料造成的经济损失进行了核算。Delucchi (2002)利用享乐价格法、损害函数分析和条件价值法等方法，计算美国大气污染造成的健康损失和能见度损失。Seung-Jun Kwak et al. (2001)采用 MAUT (多属性效用理论)对韩国首尔大气污染损失进行了计算。这些研究对单项污染损失估算的定量分析更为细化。

我国在环境污染经济损失计量方面的研究起步较晚，过孝民和张慧勤(1990)在《公元 2000 年中国环境预测与对策研究》中，首次对全国环境污染造成的经济损失进行核算，其采用的方法被称为“过 - 张模型”，之后陆续开展了城市环境污染损失评价。袁俊斌等(2004)运用市声价值法、机会成本法、恢复及防护费法、影子工程法、人力资本法及意愿调查法，计算了抚顺市水污染、空气污染、固体废弃物污染及噪声污染造成的经济损失，为城市可持续发展规划及管理提供支撑。渠涛等(2005)运用市场价值法、疾病成本法、机会成本法、影子工程法等环境经济学理论与方法，较全面地进行了城市环境污染所导致经济损失类别及途径分析，证实了中国中西部城市环境污染经济损失较高的结论。卫立冬(2008)根据衡水市的环境监测资料、国民经济统计资料、卫生统计资料等，借鉴与衡水市区实际情况比较符合的参数，运用环境经济学方法，分别估算了大气污染、水污染、固体废弃物污染造成的经济损失；初步估算出衡水市区 1996～2005 年每年的环境污染造成的经济损失，并对估算结果进行了纵向变化分析、损失构成分析、损失水平与国内外比较分析。高练同(2008)在水环境污染损失研究已有理论的基础上，从水环境污染经济损失估算的实用性出发，针对河北省水环境污染对农业影响的现状和特点，首先对农业污灌进行了界定，然后对 2000～2004 年采用污灌的农作物实际情况，采用市场价值法对水环境污染在农业上造成的损失进行了估算，并与当年农业经济总收入进行了对比，进而提出了改进水环境对农业污染现状的对策和建议。张圣琼(2012)以 2005～2010 年的大气污染、水污染及固体废弃物污染等数据为基础，采用污染治理成本法以及恢复成本法，对贵州省环境污染损失进行核算。吴宜珊等(2012)通过研究银川市的环境监测资料、国民经济统计资料等，借鉴与银川市实际情况比较符合的参数，运用人力资本法、市场价值法、土地价值损失法、收益还原法、机会成本法等环境经济学方法，以2009年为例估算了大气污染、水污染、固体废弃物污染、噪声污染对银川市造成的经济损失。

国内比较系统的生态服务功能价值的研究主要集中在自然生态系统的服务功能价值评估方面。比较典型的如欧阳志云等（1999）对中国陆地生态系统服务功能进行了评价，探讨了中国生态系统的间接经济价值；蒋延玲等（1999）根据Costanza等人的方法估算了中国38种主要森林类型生态系统服务的总价值；肖建红等（2007）对三峡工程建设对生态系统服务功能的影响进行了预评估。詹晓燕等（2010）基于污染物的环境污染损失机理性模型，Logistic方程及环境价值的相关理论，建立了环境污染经济损失估算模型；利用此模型估算了2003～2007年某市2条主要河流J河和G河的水污染造成的农业经济损失，并计算了2007年度5种污染物浓度单独增加10%造成的污染损失值。

近年来，随着我国海洋经济的快速发展，人类开发利用海洋的活动逐渐增多，陆源污染物入海量不断增加，各类海洋环境污染事故特别是海洋溢油事故时有发生，并呈上升趋势。频发的海洋环境污染事故以及人类过度开发导致我国近海海域局部污染严重，局部生态系统受到破坏，海洋生态服务价值遭受损失，海洋功能不能充分发挥，赤潮等海洋环境灾害频繁发生。这将逐渐成为沿海地区社会经济发展的制约因素。由于海洋物产资源的多样化以及海洋污染物种类的分散性使得在它们之间逐一建立污染物-实物量损失对应关系的一般做法难以实现。郑慧等（2009）借鉴模糊数学中的模糊综合评价法，选择有代表性的污染物指标建立模糊综合评价指标体系，评价渤海环境污染的致害等级；根据已有的渤海环境污染程度与海洋物产损失间的对应关系，对每一损失等级赋予一定的实物量损失率，据此得出综合的渤海环境污染的实物型损失模型，为渤海环境污染的治理提供科学依据。根据水与海洋生物的依存关系，评价体系中污染程度与环境质量等级相当，其中第一、二级污染程度基本与该规定中的一、二类水体质量相当，由此，郑慧等（2009）研究定义模糊评价中的第一级和第二级作用下的渤海海洋物产的实物量损失率为0；第三级作用下的实物量损失率为30%；第四级作用下的实物量损失率至少为60%。李开明等（2011）系统研究了海洋生态系统分类及价值评估理论，分析和探讨了海洋环境污染经济损失中直接市场评估法、替代市场评估法、假象市场评估法等的计算方法及其评估方法的选择，对我国海洋环境污染经济损失估算现状进行阐述，并以珠江口为例进行珠江口及毗邻海域环境污染损失计算及主要问题分析。

2.4.2 环境污染损害价值评估指标体系构建

2.4.2.1 环境污染价值评估指标构建工作框架

（1）总体工作框架

本书采取理论分析、现场补充调查与模型研究相结合的方法构建黄河口海域环境污染价值评估工作框架。环境污染损害价值评估是将环境污染导致的环境损害以经济价值的形式表现，是对“环境污染影响”的货币量化，而基于海洋生态系统服务价值的污染损害价值评估研究，可以用更直观的形式展示污染导致的影响。因此，在对相关资料的整理、分析与提炼的基础上，以东营黄河口生态国家级海洋特别保护区为研究区域，进行污染对“东营黄河口生态国家级海洋特别保护区”海洋生态系统服务功能影响分析，建立环境污染损害价值评估指标与方法体系，构建基于海洋生态系统服务价值的污染损害价值评估模式。同时，在研究过程中开展专家咨询工作，对研究方案进行修正。技术路线见图 2-4-1。

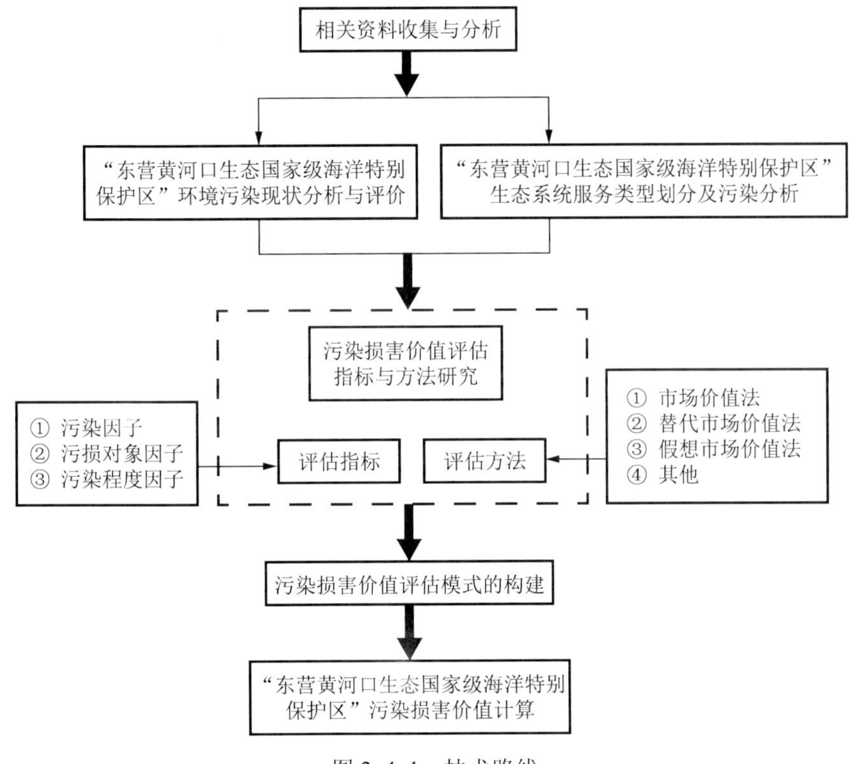

图 2-4-1　技术路线

（2）评估指标体系与模式构建工作框架

参考张朝晖和叶属峰等（2007）最新建立的海洋生态系统服务分类体系，结合“东营黄河口生态国家级海洋特别保护区”的特点，确定该保护区相应的生态系统服务类型，分析环境污染对上述海洋生态系统的哪些服务造成损害。在此基础上，基于“压力—状态—响应”（PSR）模式，构建“东营黄河口生态国家级海洋特别保护区”环境污染损害评估指标体系，评估指标体系拟包括目标层、项目层、指标层、子指标层四个层次，其中指标层的选取拟从污染因子（包括污染物、污染性质、污染面积等指标）、污染对象因子（包括生态敏感性、生物、生境等指标）、污染程度因子（包括生态系统服务功能损害、生境损害面积、生物种类多样性指数减少程度等指标）3 个大的方面考虑。

依据环境污染损害到的海洋生态系统各服务类型分析结果，以市场价值法、替代市场价值法及假想市场价值法、水污染损失率等方法为基础，研究环境污染对海洋生态系统各服务类型价值的损害评估方法。考虑到环境污染损害价值评估实质是根据实际调查和监测数据，应用具有操作性强、计算科学合理的评估模式来获得量化的评估结果，因此，构建环境污染损害价值评估模式为其核心内容。在环境污染损害评估指标体系和方法体系研究的基础上，研究海洋环境污染价值损害与评估指标体系之间的关系模型，构建基于海洋生态系统服务价值损害的海洋功能区环境污染损害价值评估模式。该模式中，拟以生态系统服务价值及其对污染的敏感程度以及评估指标为输入参数，计算得到“东营黄河口生态国家级海洋特别保护区”环境污染造成的价值损失量。

2.4.2.2 黄河口海域环境污染价值评估指标构建原则及思路

（1）评估指标筛选原则

在众多的环境影响评估工作中，影响评价结果客观准确性最重要的两个问题分别为评价指标的选择和评价指标权权重的确定。因此，科学合理地选择评估指标和确定相应的指标权重是客观评价研究对象的基本要求。为做到客观评价黄河口海域的环境污染价值，本书指标的筛选确定以下 4 条基本原则：

① 简明性原则：指标概念明确，易测易得；

② 完整性原则：指标体系应尽可能全面地反映环境污染方面的状况；

③ 稳定性原则：便于评估成果资料在较长一段时间内具有应用和可比较价值。

④ 简化指标原则：剔除次要指标，保留主要指标，简化评估工作，以便准确、快速开展评估工作。

（2）黄河口海域环境污染价值损害评估指标构建思路

通过分析黄河口海域污染损害的污染源因子、污损对象因子、污损程度因子等，筛选出与污染物损害关系密切的各项指标，利用传统的层次分析法并结合专家修正来确定评估指标权重。本书按照以下顺序建立评估指标体系：初步建立污染损害评估指标体系；采用传统的层次分析法确定评估指标体系各层权重；采用咨询有经验技术专家的方式对评估指标进行筛选，确定最终的评估指标体系。

2.4.2.3 评估指标体系构建

“压力 — 状态 — 响应”（PSR）框架模型以及评价指标体系因具有系统性、可操作性、易获取性、可比性等优点，已被广泛应用于海洋生态评价研究中。本节采用 PSR 模式，构建不同层次的黄河口海域环境污染损害评估指标体系，评估指标体系拟包括目标层 A、项目层 B、指标层 C、子指标层 D 四个层次，其中指标层的选取从污染因子（包括污染物、污染性质、持续时间等指标）、污染对象因子（包括海洋生态敏感性、亚敏感性和非敏感性）、污染程度因子（包括生态系统服务功能损害、污染面积）3 个大的方面考虑。见表 2-4-1。

表 2-4-1 评估指标体系

<table>
<tr><td rowspan="6">海洋功能区污染损害评估 A</td><td rowspan="3">P</td><td rowspan="3">污染源因子 B1</td><td rowspan="3">污染物特点 C1</td><td>污染物性质 D1</td></tr>
<tr><td>污染物浓度 D2</td></tr>
<tr><td>持续时间 D3</td></tr>
<tr><td rowspan="3">S</td><td rowspan="3">污损对象因子 B2</td><td rowspan="3">海洋功能区 C2</td><td>生态敏感区 D4</td></tr>
<tr><td>生态亚敏感区 D5</td></tr>
<tr><td>生态非敏感区 D6</td></tr>
</table>

续表

海洋功能区污染损害评估 A	R	污损程度因子 B3	生态功能损失 C3 污染程度 C4	沉积物功能损失率 D7
				水功能损失率 D8
				生物功能损失率 D9
				生物多样性降低程度 D10
海洋功能区污染损害评估 A	R	污损程度因子 B3	生态功能损失 C3 污染程度 C4	生境丧失面积 D11
				污染面积 D12

2.4.2.4　评价指标权重的确定

评价指标权重的合理确定是客观评价环境污染状况的关键步骤之一。一般来说，确定评价指标权重的方法可以分为三类：主观赋权法、客观赋权法和组合赋权法。其中主观赋权法包括层次分析法（AHP 法）、专家调查法等，客观赋权法包括均方差法、主成分分析法、离差最大化法、熵值法等，组合赋权法包括以 AHP 法、专家调查法与 BP 网络神经相结合的综合分析方法等。本节运用传统的层次分析法（AHP 法）并结合具有经验的技术人员人工修正的方式进行评价指标的权重。结果见表 2-4-2。

表 2-4-2　评估指标体系的权重

海洋功能区污染损害评估 A	污染源因子 B1	污染物特点 C1（0.25）	污染物性质 D1（0.04）
			污染物浓度 D2（0.08）
			持续时间 D3（0.06）
	污损对象因子 B2	海洋生态类型 C2（0.25）	生态敏感区 D4（0.14）
			生态亚敏感区 D5（0.10）
			生态非敏感区 D6（0.06）
	污损程度因子 B3	海洋生态功能损失 C3（0.22）	沉积物功能损失率 D7（0.06）
			水功能损失率 D8（0.18）
			生物功能损失率 D9（0.06）
			生物多样性降低程度 D10（0.06）
		环境污染程度 C4（0.28）	生境丧失面积 D11（0.06）
			污染面积 D12（0.12）

2.4.2.5　评价指标的筛选

在实际应用中，评价指标越多越细，评价结果可能越客观，但由于评价问题的复杂性，评价指标繁多往往造成评价工作量加大，时效性也不强，将为管理和决策部门带来不利影响。因此需要剔出次要的评价指标而保留与评价目标密切相关的指标。本书通过咨询具有丰富环境影响评估经验的专家，进行重要评估指标的筛选，最终筛选出污染物特点、海洋生态敏感性、水功能损失率及污染面积四个关键指标作为环境污染损害评估模式的重要参数。

2.4.2.6 黄河口海域海洋生态敏感性程度的确定

海洋生态敏感系数可作为环境污染区域价值损害的重要指标，同时可表明污染导致环境影响的难易程度和可能性大小。由于不同区域的海洋生态敏感系数不同，在受到同样污染物影响的情况下，其造成的价值损失往往不同。根据海洋工程环境影响评价技术导则（GB/T 19485—2004）中对于海洋生态环境敏感区、海洋生态环境亚敏感区、海洋生态环境非敏感区的分类以及定义（表 2-4-3）和海洋功能区的类型，基于综合指数法并经专家修正的方式确定了相应敏感区的生态敏感系数（表 2-4-4），

表 2-4-3 海洋工程环境影响评价技术导则中对于三种敏感区的定义

海洋生态环境敏感区	海洋生态环境目标很高，且遭受损害后很难恢复其功能的海域，包括海洋渔业资源产卵场、重要渔场水域、海水增养殖区、滨海湿地、海洋自然保护区、珍稀濒危海洋生物保护区、典型海洋生态系统（珊瑚礁、河口）等
海洋生态环境亚敏感区	海洋生态环境功能目标高，且遭受损害后难于恢复其功能的海域，包括海滨风景旅游区，人体直接接触海水的海上运动或娱乐区，与人类食用直接有关的工业用水等
海洋生态环境非敏感区	海洋生态环境功能目标较低，且遭受损害后可以恢复其功能的海域，包括一般工业用水区、港口水域等

表 2-4-4 海洋生态敏感系数表

一级评价等级	二级评价等级	海洋生态敏感系数
海洋生态环境敏感区	渔业资源利用和养护区	0.96
	海洋保护区	0.88
海洋生态环境亚敏感区	旅游区	0.56
	海水资源利用区（盐田区、特殊工业用水区）	0.52
	矿产资源利用区	0.42
	工程用海区	0.36
海洋生态环境非敏感区	港口航运区	0.08
	海水资源利用区（一般工业用水区）	0.18
	其他（特殊利用区、保留区）	0.29

2.4.2.7 不同区域海洋生态服务功能的价值判定

随着对海洋生态系统服务功能评估研究的深入，产生了一系列价值评估的方法（高振会，2007），见表 2-4-5。目前较为常用的主要评估模型可分为三类：直接市场法，包括费用支出法、市场价值法、机会成本法、恢复和防护费用法、影子工程法、人力资本法；替代市场法，包括旅行费用法和享乐价格法等；模拟市场价值法，包括条件价值法等（张朝晖，2007；郑伟，2011）。生态系统服务功能的价值评估方法各有优缺点，但总体看来，直接市场法的可信度高于替代市场法，而替代市场法的可信度又高于模拟市场法。故在对评估方法选取时，应遵循以下基本原则：首选直接市场法，若条件不具备则采用替代市场法，当两种方法都无法采用时采用模拟市场法。

表 2-4-5 主要生态系统服务功能的价值评估方法比较

分类	评估方法	优点	缺点
直接市场法	费用支出法	生态环境价值可以得到较为粗略的量化	费用统计不够全面合理，不能真实反映游憩地的实际游憩价值
	市场价值法	评估比较客观，争议较少，可信度较高	数据必须足够、全面
	机会成本法	比较客观全面地体现了资源系统的生态价值，可信度较高	资源必须具有稀缺性
	恢复和防护费用法	可通过生态恢复费用或保护费用量化生态环境的价值	评估结果为最低的生态环境价值
	影子工程法	可以将难以直接估算的生态价值用替代工程来表示	替代工程非唯一性，替代工程时间性、空间性差异大
	人力资本法	可以对难以量化的生命价值进行量化	违背伦理道德，效益归属问题以及理论上尚存缺陷
替代市场法	旅行费用法	可以核算生态系统游憩的使用价值，可以评价无市场价格的生态环境价值	不能核算生态系统的非使用价值，可信度低于直接市场法
	享乐价格法	通过侧面的比较分析可以求出生态环境的价值	主观性强，受其他因素的影响较大，可信度低于直接市场法
模拟市场法	条件价值法	适用于缺乏市场和替代市场商品的价值评估，能评价各种生态系统服务功能的经济价值，适宜于非实用价值占较大比重的独特景观和文物古迹价值的评价	实际评估结果场出现重大的偏差，调查结果的准确与否很大程度上依赖于调查方案的设计和被调查的对象等诸多因素，可信度低于替代市场法

2.4.3 环境污染损害价值评估模型的构建

以不同海洋生态区域的服务功能价值为基础，构建海洋功能区污染损害价值评估模型。

（1）评估模型

采取环境经济学的方法研制基于海洋生态系统服务功能的污染价值损害评估模型，其间接关系可表达为：污染损害价值 = F（海洋生态系统服务类型价值、污染海域所在的海洋功能区的污染面积、污染海域所在海洋功能区的生态敏感系数、海洋功能损失率）。

模式计算公式为：

$$HY=\sum_{l}^{n}hy_i$$

$$hy_i = hy_{ai} \times hy_{si} \times es \times R_i$$

式中，HY——海洋功能区污染价值损失，单位为万元；

hy_i——第 i 类海洋功能区生态系统服务功能损失，单位为万元；

hy_{ai}——第 i 类海洋功能区生态系统服务价值，单位为万元 / 平方公顷 · 年；

hy_{si}——第 i 类海洋功能区污染面积，单位为 hm^2；

es——海洋功能区的生态敏感系数；

R_i——i 种污染物对海洋功能的损失率。

（2）功能损失率确定

功能损失率（R_i）估算采用公式：

$$R_i = \frac{1}{1+A\times\exp(-B\cdot C_i)}$$

式中，A、B 为待定系数，由污染物的特性决定；$C_i = c_i/c_0$，c_i 为海洋功能区的第 i 种污染物的浓度，c_0 为海洋功能区允许的第 i 种污染物的浓度，依据各个海洋功能区所要求的《海水水质标准》（GB3097—1997）来确定（mg/L）。当水体存在一种以上污染物时，其综合损失率不是各项损失率的简单相加，而是根据概率运算法则计算，同时有几种相互独立的污染物时，综合损失率为：

$$R_i^{(n)} = R_i^{(n-1)} + [1 - R_i^{(n-1)}] \times R_{in}$$

其意义为：增加一种损失率为 R_{in} 的污染物后，增加的损失率为剩余部分与 R_{in} 之积，总损失率为原有损失率与增加损失率之和（陈妙红，2005）。

2.4.4 东营黄河口生态国家级海洋特别保护区环境污染价值损害评估

根据《全国海洋功能区划》（2002 年），我国海域划分十种主要海洋功能区，其中，海洋保护区为主要海洋功能区之一，包括自然保护区、海洋特别保护区两大部分。本书以“山东东营黄河口生态国家级海洋特别保护区”这一典型海域作为应用示范区，开展海洋环境污染损害价值评估。结合国家海洋局北海环境监测中心在黄河口生态监控区开展的海洋生态监测工作，并开展调研工作，评价海洋环境污染现状和评估海洋生态系统服务的价值，然后参照上述建立的海洋功能区环境污染损害价值评估模式，开展这一典型海洋功能区的环境污染损害价值评估工作。

2.4.4.1 东营黄河口生态国家级海洋特别保护区概述

“东营黄河口生态国家级海洋特别保护区”是我国 2008 年建立的国家级海洋特别保护区，主要保护对象是黄河口生态系统及生物物种多样性。东营黄河口生态国家级海洋特别保护区位于黄河下游入海处 −3 m 等深线至 12 海里的海区，呈拐梯形状，西与黄河三角洲保护区为邻，面积 926 km^2，共分为四个功能区，见图 2-4-2。分别为生态保护区，占保护区总面积的 10. 56%；资源恢复区，分为两部分，面积为 69. 77 km^2 和 121. 33 km^2，占保护区总面积的 20. 64%；开发利用区，面积 139. 92 km^2，占保护区总面积的 15. 11%；环境整治区，面积 497. 20 km^2，占保护区总面积的 53. 69%。然而，由于受黄河径流减少、河水污染物侵入等因素影响，该海区日益失去鱼虾繁殖、栖息的条件，生物资源衰退，生物多样性受到严重威胁。

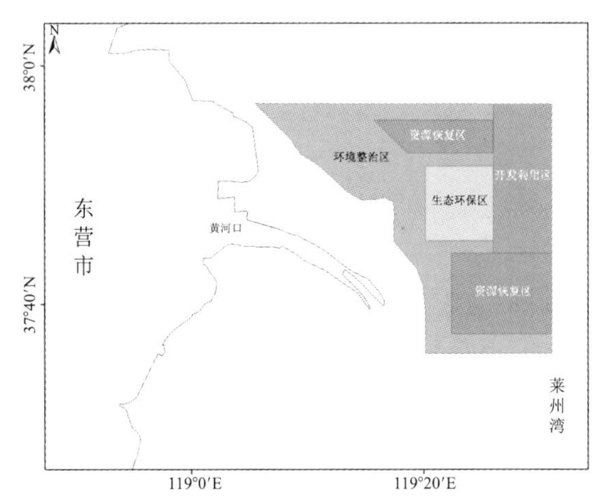

图 2-4-2　东营黄河口生态国家级海洋特别保护区位置示意图

2.4.4.2　东营黄河口生态国家级海洋特别保护区污染损害价值评估

（1）东营黄河口生态国家级海洋特别保护区生态系统服务功能类型划分

对一个区域来讲，生态系统为人类提供的不同服务功能，对该区域的人类生存及生活质量的贡献是有等级的，有些服务功能对提高人类生存及生活质量，对区域可持续发展更为重要，我们认为这些是“核心”服务功能，是评估的重点；而有些服务功能对该区域来说作用不大，甚至可以忽视不计。东营黄河口生态国家级海洋特别保护区作为国家级保护区，我们认为不在于提供食品生产、物质供给等功能；也不具体体现在水产养殖和海洋捕捞上的生物控制和栖息地等功能；在基因资源方面，该区域基本上不存在珍稀濒危动植物，也不在于作为重要的渔业品种产卵、索饵、洄游的场所，这方面的服务功能也不突出；在休闲游乐方面，基本上不属于滨海风光旅游资源，也无开发旅游市场，可不考虑这方面的服务功能。但在气体调节、科研文化、营养循环、废物处理 4 类服务功能上对区域生态平衡的作用较为显著，因而可作为评价的对象。

（2）东营黄河口生态国家级海洋特别保护区生态系统服务价值评估

① 气体调节价值。

气体调节主要指海洋浮游植物通过光合作用吸收 CO_2，释放 O_2，从而调节 O_2 和 CO_2 平衡的功能。海洋是生物圈循环中最大的碳元素储存库，海洋和大气之间不断进行着 CO_2 的交换过程，在全球的碳循环和对气温的影响方面都起着重要作用。同时，通过海洋浮游植物的光合作用释放 O_2，构成 O_2 的重要来源，对调节 O_2 和 CO_2 的平衡起着至关重要的作用。对气体调节功能的评价，以海洋生态系统净初级生产力数据为基础，根据光合作用方程式计算海洋生态系统光合作用固碳量和释放氧气量。根据黄河口附近海域现状调查资料，黄河口附近海域 2007 年、2008 年和 2009 年 8 月的初级生产力为 252. 7 mg•C/m^2•d、245. 7 mg•C/m^2•d、273. 9 mg•C/m^2•d，我们以 3 年的平均初级生产力为 257. 4 mg•C/m^2•d 计算，按照以 0. 077 万元 / 吨作为固定 CO_2 的成本，以 0. 036 万元 / 吨作为释放 O_2 的成本（田春暖，2008），海域面积为 92 600 万平方米，则气候调节和氧气提供功能价值为 9 831 万元 / 年。

② 科研价值。

鉴于时间和财力等方面的限制，本书采用评估方法进行粗略估算。评估模型为：$Cedu = eS$。式中，$Cedu$ 为科研功能价值；e 单位面积科研功能价值，取值为 0. 038 万元 / 平方公顷•年，S 为海域面积（hm^2）（田春暖，2008）。东营黄河口生态国家级海洋特别保护区海域面积为 92 600 hm^2，则科研功能价值为 3 519 万元 / 年。

③ 营养物质循环价值。

海洋生态系统的营养调节服务价值主要考虑作为 N、P 等营养盐的汇的价值。采用影子工程的计算方法，用去除含 N、P 等营养盐的污水成本来替代。$P = QC$，P 为营养循环服务功能的价值；Q 是海域中含 N、P 的污水量；C 为单位体积污水去除 N、P 的成本。东营黄河口生态国家级海洋特别保护区面积 926 km^2，水深在 −5 m ～ −3 m 之间，取平均值 −4 m 计算，则污水量为 3.704×10^9 m^3。根据东营市地区污水生活污水处理价格 0. 7 元 / 立方米，但本书考虑到污染物主要为无机氮成分，未包括 COD 和磷成分，仅以 0. 2 元 / 立方米价格计算，则营养循环的服务功能价值约 74 080 万元 / 年。

④ 废物处理。

黄河口海域的主要污染物为 N，由于处理 N 的价值在营养循环中已有体现，为避免重复计算，这里不再计算废物处理的价值。

综上所述，东营黄河口生态国家级海洋特别保护区的价值初步估算为 87 430 万元 / 年，单位公益价值为 0. 944 万元 / 平方公顷•年。

（3）东营黄河口生态国家级海洋特别保护区污染价值损失

根据上述建立的基于海洋生态系统服务功能的污染价值损害评估模型和东营黄河口生态国家级海洋特别保护区的生态功能价值，则其污染损害价值计算如下：

① 海洋功能区的生态敏感系数。

东营黄河口生态国家级海洋特别保护区在海洋功能区分类中属于海洋保护区，根据表 2-4-4 中的生态敏感系数，东营黄河口生态国家级海洋特别保护区的敏感系数为 0. 88。

② 海洋功能区的损失率。

根据 2008 年 5 月监测结果，东营黄河口生态国家级海洋特别保护区的主要污染物为单一的无机氮，本书参考相关文献，参照渔业水域中总氮的参数值，选取的 A 参数值为 160. 6，B 参数值为 0. 48。2008 年该保护区内无机氮浓度平均污染指数在 1. 85 ～ 4. 49 之间，我们取其均值 2. 7 作为 C 值。则计算出的生态损失率：

$$R = \frac{1}{1+160.6 \times \exp(-0.48 \times 2.7)} = 0.02$$

③ 污染面积确定。

根据 2008 年 5 月监测数据，东营黄河口生态国家级海洋特别保护区所有监测站位中无机氮均超出该功能区所要求的一类水质标准，因此，面积取值为 92 600 hm^2。

④ 污染损害价值评估结果。

东营黄河口生态国家级海洋特别保护区的污染价值为 $hy_i = hy_{ai} \times hy_{si} \times es \times R_i =$ 0. 944 万元 / 平方公顷 • 年 ×92 600 平方公顷 × 0. 88 × 0. 02 = 1 538. 8 万元 / 年，表明东营黄河口生态国家级海洋特别保护区由于无机氮造成的污染损害价值每年大约为 1 538. 8 万元。

2.4.5 小结

本节通过分析海洋功能区损害的污染源因子、污损对象因子、污损程度因子等，筛选出与污染物损害关系密切的各项指标，采用“压力—状态—响应”（PSR）模式，构建了不同层次的东营黄河口生态国家级海洋特别保护区环境污染损害评估指标体系，评估指标体系包括目标层 A、项目层 B、指标层 C、子指标层 D 四个层次，其中指标层的选取从污染因子（包括污染物、污染性质、持续时间等指标）、污染对象因子（包括海洋功能区生态敏感性、亚敏感性和非敏感性）、污染程度因子（包括生态系统服务功能损害、污染面积）等方面考虑。采用层次分析法并结合人为修正方法，确定了海洋功能区污染损害价值评估的指标体系各个权重，并经专家咨询，筛选出污染物特点、海洋功能区敏感性、水功能损失率及污染面积 4 个关键指标作为海洋功能区污染损害评估模式的重要参数。最后构建了以海洋生态系统服务类型价值、海洋生态敏感性、海洋功能损失率、海域污染面积等为重要参数的污染损害价值评估的模型，研究结果表明东营黄河口生态国家级海洋特别保护区由于无机氮造成的 2008 年污染损害价值约为 1 538. 8 万元。

参考文献

[1] Cowell D, Apsimon H. Estimating the Cost of Damage to Buildings by Acidifying Atmospheric Pollution in Europe[J]. Atmospheric Environment, 1996, 30(17). 2959-2968

[2] Dean J M. Does Trade Liberalization Harm the Environment? A New Test [J]. Canadian Journal of Economics, 2002, 35(4): 819-842

[3] Dubourg W R. Estimating the Mortality Costs of Lead Emission in England and Wales[J]. Energy Policy, 1996, 24(7): 621-625

[4] Euston Quah, Tay Liam Boon. The Economic Cost of Particulate Air Pollution on Health in Singapore[J]. Journal of Asian Economics, 2003, 14(1): 73-79

[5] Guo Xiaomin, Wang Jinnan, Yu Fang, Jiang Hongqiang. Problems and Perspective of Research on Calculation of Environmental Pollution and Ecological Damage Cost in China[M]. Proceedings of International Workshop for Establishment of Chinese Green National Economic Accounting System. Beijing, Chinese Environmental Science Press. 152-165.

[6] Krutilla J V. Some Environmental Effects of Economic Development[J]. Daedalus, 1967, 96(4): 1058-1070

[7] Robert Costanza, Ralph d'Arge, Rudolf de Groot, et al. The value of the world's ecosystem services and natural capital[J]. Nature, 387: 253-260.

[8] Robert Costanza, Ralph d'Arge, Rudolf de Groot, et al. SPECIAL SECTION: FORUM ON VALUATION OF ECOSYSTEM SERVICES The value of ecosystem services: putting the issues in perspective[J]. Ecological Economics, 1998, 25: 67-72.

[9] Scheren P A G M, Bosboom J C, Njau K, et al. Assessment of water pollution in the catchment area of Lake Victoria, Tanzania[J]. Journal of Eastern African Research and Development, 1995, 25: 129-143.
[10] Seung-Jun Kwak, Seung-Hoon Yoo, Tai-Yoo Kim. A Constructive Approach to Air-quality Valuation in Korea[J]. Ecological Economics, 2001, 38.
[11] Delucchi M A, Murphy J J, McCubbin D R. The Health and Visibility Cost of Air Pollution: A Comparison of Estimation Methods[J]. Journal of Environmental Management, 2002, 64(2): 139-152
[12] Douglas D Ofiara. Assessment of economic losses from marine pollution: an introduction to economic princles and methods[J]. Mar Pollut Bull, 2001, 42(9): 709-725.
[13] Robert Costanza, Ralph d'Arge, Rudolf de Groot, etc. The Value of the World's Ecosystem Services and Natural Capital[J]. Nature 1997, 387: 253-260.
[14] 陈妙红,邹欣庆,韩凯,等. 基于污染损失率的连云港水环境污染功能价值损失研究[J]. 经济地理, 2005, 25(2): 223-227.
[15] 高练同,王路光,赵文英,等. 河北省水环境污染农业损失研究[J]. 南水北调与水利科技, 2008, 6(6): 68-71.
[16] 高振会,杨建强,王培刚,等. 海洋溢油生态损害评估的理论、方法及案例研究[M]. 北京:海洋出版社, 2007年
[17] 郭金玉,张忠彬,孙庆云. 层次分析法的研究与应用[J]. 中国安全科学学报, 2008, (5).
[18] 郭均鹏,吴育华,李汶华. 基于标准化区间权重向量的层次分析法研究[J]. 系统工程与电子技术, 2004, (7): 901-902
[19] 过孝民,张慧勤. 公元2000年的中国环境预测与对策研究[M]. 北京:清华大学出版社, 1990.
[20] 胡晓寒,党志良,阮仕平,等. 水污染造成的湖泊水环境价值损失研究[J]. 水资源与水利工程学报, 2004, 15(1): 78-80.
[21] 蒋延玲,周广胜. 中国主要森林系统公益的评估[J]. 植物生态学报, 1999, 23(5): 326-432.
[22] 李国柱,李从欣. 中国环境污染经济损失研究述评[J]. 统计与决策, 2009, 12: 74-75.
[23] 李海涛,许学工,肖笃宁. 基于能值理论的生态资本价值——以阜康市天山北坡中段森林区生态系统为例[J]. 生态学报. 2005, 25(6): 1383-1390.
[24] 李晶,陈伟琪. 近海环境资源价值及评估方法探讨[J]. 海洋环境科学, 2006, 25(S1): 79-82.
[25] 李开明,蔡美芳. 海洋生态环境污染经济损失评估技术及应用研究[M]. 北京:中国建筑工业出版社, 2011: 1-120.
[26] 梁杰,侯志伟. AHP法专家调查法与神经网络相结合的综合定权方法[J]. 系统工程理论与实践, 2001, (3): 59-63

[27] 刘康，欧阳志云，王效科，等. 甘肃省生态环境敏感性评价及其空间分布[J]. 生态学报，2003，(12)：2711-2718

[28] 欧阳志云，王如松，赵景柱. 生态系统服务功能及其生态经济价值评价[J]. 应用生态学报，1999，10(5)：635-640

[29] 欧阳志云，王效科，苗鸿. 中国陆地生态系统服务功能及其生态经济价值的初步研究 [J]. 生态学报，199919(5)：607-613

[30] 祁帆，李晴新，朱琳. 海洋生态系统健康评价研究进展 [J]，海洋通报，2007，26 (3)：97-104

[31] 渠涛，杨永春. 城市环境污染的经济损失及其评估——以山城重庆为例 [J]. 兰州大学学报(自然科学版)，2005，41(3)：14-18

[32] 沈德福，邱晓华. 环境污染对生态危害经济损失评估模式的研究[J]. 中国环境监测，1998，14(6)：48-51

[33] 孙家乐，蒋德鹏. 层次分析法中一致判断矩阵的构造方法[J]. 东南大学学报，1991，21(3)：69-75

[34] 田春暖. 海洋生态系统环境价值评估方法实证研究 [D]. 中国海洋大学硕士学位论文，2008.

[35] 王金南，逯元堂，曹东. 环境经济学在中国的最新进展与展望[J]. 中国人口、资源与环境，2004 年，14(5)：27-31

[36] 卫立冬. 区域环境污染造成的经济损失估算——以衡水市为例 [J]. 河北师范大学学报(自然科学版)，2008，32(1)：117-122

[37] 吴宜珊，赵先贵，肖玲. 区域环境污染造成的经济损失估算——以银川市为例 [J]. 资源开发与市场，2012，28 (2)：134-136

[38] 夏光. 中国环境污染损失的经济计量与研究 [M]. 北京：科学出版社，1998.

[39] 肖建红，施国庆，毛春梅，等. 水坝对河流生态系统服务功能影响评价 [J]. 生态学报，200727(2)：526-537.

[40] 易斌，朱忠军，刘平，等. 加快建立环境污染损害鉴定评估管理制度 [J]. 科技导报，2011，29(8)：11-11.

[41] 袁俊斌，叶永恒. 重工业城市抚顺环境污染经济损失分析研究 [J]. 世界环境，2004，79-83.

[42] 詹晓燕，刘臣辉. 基于 Logistic 模型水环境污染农业经济损失研究 [J]. 环境保护与循环经济，2010：73-76.

[43] 张朝晖，叶属峰，朱明远. 典型海洋生态系统服务及价值评估 [M]. 北京：海洋出版社，2007.

[44] 张江山，孔健健. 环境污染经济损失估算模型的构建及其应用 [J]. 环境科学研究，2006，19(1)：15-17.

[45] 张圣琼，赵翠薇. 贵州省环境污染损失的经济核算 [J]. 贵州科学，2012，30 (6)：92-96.

[46] 张遂业，李金晶，李永鑫，等. 水污染事件损失评价指标体系研究 [J]. 人民黄河，

2005,(11).

[47] 郑慧,赵昕. 海洋环境污染实物量损失的模糊测定——以渤海为例[J]. 海洋开发与管理,2009,26(4):27-30.

[48] 郑士君,韩成敏,董建华. 船舶状态综合评估模型的建立[J]. 中国航海,2008,31(2):144-157.

[49] 郑伟,王宗灵,石洪华. 典型人类活动对海洋生态系统服务影响评估与生态补偿研究[M]. 北京:海洋出版社,2011.

2.5 黄河口海域生态脆弱性评估技术

近年来,随着社会经济的快速发展,我国海洋生态环境面临的压力与日俱增。2012年中国海洋环境状况公报表明,我国近岸海域总体污染程度依然较高,近岸海域水体污染、生态受损、灾害多发等环境问题依然突出,81%实施监测的河口和海湾典型生态系统处于亚健康和不健康状态。与此同时,我国的海洋经济产值亦呈快速增加趋势,但由于我国海洋经济科技总体水平较低,海洋产业结构不合理,致使局部海域生态环境严重恶化,近海渔业资源破坏严重。因此,如何保证在发展海洋经济的同时,保护好海洋生态环境是我国亟须解决的重大难题之一。生态脆弱性评估作为环境监测与管理服务的重要手段,已较好地应用到海岸带管理实践(Barry Robertson,2008)。生态脆弱性评估是在特定研究区域内,对生态环境的脆弱程度作出定量或者半定量的分析,通过明确生态系统及其环境的脆弱性特征,包括脆弱性的来源、现状、驱动力及演替过程等,可为环境整治、污染治理、生态保护及环境规划等提供依据,从而维护区域社会经济发展下的生态安全,也正是探讨人类应对全球变化的能力和适应程度的研究。为优化海洋开发与管理决策支持技术,我国在《全国科技兴海规划纲要》(2008～2015)重点任务中也明确提出了要开展"典型生态脆弱性评估,开发海洋资源环境管理决策支持产品",以期规范人类活动的方式和强度,维护沿海区域社会经济发展下的海洋生态安全。

迄今为止,我国已有众多学者以陆域生态系统为研究对象,作出了大量的理论、方法和应用研究,但是,尚未形成一套公认的、具有普适性的评估方法,评估指标体系也各不相同,造成研究结果可比性差、推广价值低等问题(赵跃龙,1998)。基于陆域生态脆弱性研究理论体系,本书探析了海洋生态脆弱性的概念与内涵及评估方法,并以黄河口海域为研究对象,探讨了海洋生态脆弱性的评估指标体系,以期为今后开展海洋生态脆弱性评估工作提供基本思路。

2.5.1 海洋生态脆弱性的概念

生态脆弱性(Ecological Frangibility)的概念最早源于美国学者 Clements 提出的生态过渡带(Ecotone)概念,其在1989年的第七届 SCOPE 大会中得到确认,之后在全球范围内广泛开展了关于脆弱生态环境的研究和探讨。生态脆弱性的概念有多种阐释,针对不同问题或区域,其概念有所不同,周嘉慧(2008)对其进行了总结(表2-5-1)。

表 2-5-1　生态脆弱性定义

序号	定义	特点	针对问题 / 区域
1	生态系统的正常功能紊乱，生态稳定性差，对人类活动及突发性灾害反应敏感，自然环境易向不利于人类利用的方向演替	强调生态环境脆弱的表现及其对人类生存、发展的不利影响	喀斯特地区
2	某一地区的生态系统或环境在受到干扰时，易从一种状态转变为另一种状态，而且一经改变，能否恢复初始状态的能力	强调生态脆弱性的地域性及难逆转性	喀斯特地区
3	具有生态系统不稳定性和对外界干扰敏感的特征，且往往使系统在面对外界干扰时朝着不利于自身和人类开发利用的方向发展	强调对人类利用及环境自身而言，生态系统的不稳定性和对干扰的敏感性	河流流域区
4	生态环境及其组成要素对外界干扰所发生不良反应的灵敏性	偏重强调外界干扰发生时，生态环境反应的速度和程度	盆地、丘陵区
5	景观或生态系统的特定时空尺度上相对于干扰而具有的敏感反应和恢复状态，它是生态系统的固有属性在干扰作用下的表现	强调生态脆弱性的时空性及可恢复性	退化陆域生态系统
6	区域生态系统在人类活动影响下发生变化的潜在可能性及其程度	强调人类活动影响导致生态环境脆弱的可能性	人类活动影响强烈的陆域区域
7	生态环境受到外界干扰作用超出自身的调节范围，而表现出的对干扰的敏感程度	强调生态环境自身的抗干扰能力	较广泛的陆域生态脆弱问题

《全国生态脆弱区规划纲要》中明确指出，生态脆弱区是指两种不同类型生态系统交界过渡区域。这些交界过渡区域生态环境条件与两个不同生态系统核心区域有明显的区别，是生态环境变化明显的区域，已成为生态保护的重要领域。总体来说，若从环境生态的自然属性和变化类型及其程度来定义，生态脆弱性可理解为某一区域生态系统在外界干扰下，其一种或者几种环境组成要素发生变化，容易发生正常功能的紊乱，并超越自我修复和调节的“阈值”而难以复原所具有的特定性质，它同时取决于干扰因子的类型与强度，以及环境本身的特性和类型(周嘉慧，2008)。因此，笔者认为，海洋生态脆弱性概念是陆域生态脆弱性概念在海洋研究领域中的延伸，其涵义应指在自然作用与人类活动强度双重干扰下，海洋生态环境发生正常功能的紊乱，由一种状态转变为另一种状态，而且一经改变很难恢复到初始状态的特定性质，而这种性质受人类活动影响制约。

2.5.2　海洋生态脆弱性内涵

脆弱生态环境，作为自然界中客观存在的环境类型，有其一定的时空尺度。时间尺度是指环境各要素处于一种动态状况，空间尺度是指环境形态上分布的空间范围，同样处于某种动态的状况。环境要素在时空尺度上的不断变化，决定了环境特性量和质的不断演化(庞小平，2006)。乔青等认为生态脆弱性与生态环境组成、结构、处境、人类活动等密切相关，而人类活动通过采用自然改造、生态保护以及生态修复的措施，能够促进生态环境向着稳定的方向演替，从而提高生态环境抵抗干扰的能力和自我修复能力，降低生态环境的脆弱性，这也正是进行脆弱生态环境研究的现实意义(乔青，2008)。因此，海洋生态脆

弱性的内涵也应从自然属性、生态压力、人类活动积极因素三个方面进行解读:

(1)海洋生态脆弱性与生态环境的自然属性紧密相连

海洋生态脆弱性作为自然界中客观存在的环境类型,具有自身特定的性质,它反映了海洋生态环境对外界压力变化的响应程度,其脆弱性与生态环境的自然属性紧密相连。对于有明显脆弱性的海洋生态环境来说,则很容易超出其抵抗外界压力干扰的“阈值”范围,从而使海洋生态环境发生变化。

(2)海洋生态脆弱性是其自然属性与生态压力的双重表现

海洋生态脆弱性除了与生态环境的自然属性相关外,还与其所受的生态压力状况密不可分。海洋生态环境自身的性质仅是导致生态脆弱的潜在条件,而生态压力往往容易诱发这些潜在条件,因此,开展生态脆弱性研究必须考虑生态环境所处的压力状况。

(3)海洋生态脆弱性在时空尺度上处于动态状态

在人类活动的干扰下,海洋生态脆弱性在时空尺度上处于动态状态,向有利或不利的方向发展。人类将大量的污染物排海或实施不合理的海洋资源开发利用活动,往往造成一些相对稳定的生态功能失调并发生退化,导致脆弱生态环境的产生;但人类也有可能通过采用生态修复措施,促进生态环境向着稳定的方向演替,从而提高生态环境抵抗干扰的能力和自我修复能力,降低海洋生态环境的脆弱性。

2.5.3 海洋生态脆弱性评估方法

由于生态脆弱性评估的目的是为了明确生态环境的脆弱性特征,用以规范人类活动的方式和强度,维护区域社会经济发展下的生态安全(乔青,2008),因此,生态脆弱性评估的方法选择十分关键,应根据研究区域所处的环境特征,来选择能表现系统特征的评估方法。周嘉慧等认为模糊综合评价法、生态脆弱指数法、层次分析法等都是我国陆域生态系统环境脆弱性分析中广泛应用的方法,各种评价方法的特点及适用范围见表 2-5-2(周嘉慧,2008)。由表 2-5-2 可知,综合评价法包括了现状评价、趋势评价及稳定性评价三大部分,评估结果能够较为全面地反映其生态脆弱性状况。目前,我国具有长期的近岸海域环境监测数据资料,因此,我国近岸局部海域的生态脆弱性评估比较适用于综合评价法。

表 2-5-2 生态脆弱性评价方法(周嘉慧,2008 年)

评价方法	思路	适用范围	优点	不足
模糊评价法	确定指标体系及权重,计算各因子对各评价指标的隶属度,分析结果向量,从而得出各子区域的脆弱度等级并排序	省、区等大范围,及县(市)、乡(镇)等小范围	计算方法简单易行	对指标的脆弱度反映不够灵敏
生态脆弱指数法	确定指标、权重及其生态阈值,在数值标准化基础上,根据公式计算生态脆弱性指数(EFI),划分脆弱度等级	适用于某一区域内部生态环境脆弱程度的比较分析	将脆弱度评价与环境质量紧密结合在一起	结果是相对的
层次分析法	确定评价指标、评分值及权重,将评分值与其权重相乘,加和得到总分值,据此确定脆弱生态环境的脆弱度等级	应用范围广,可用于不同脆弱生态环境脆弱度比较	计算过程简单,易操作	指标选取、权重赋值、脆弱度分级等有一定主观性

续表

评价方法	思路	适用范围	优点	不足
主成分分析法	计算特征值和特征向量，通过累计贡献率计算得到主成分，最后进行综合分析	适用于基础资料较全面的生态环境脆弱度评估	保证原始数据损失最小，以少数的综合变量取代原有的多维变量	存在一定的信息损失
关联评价法	选定评价因子，计算各区各个因子的相对比重，根据公式计算区域的相对脆弱度	适用于生态系统内部或相邻系统的脆弱性程度比较	可进行相邻生态系统的脆弱性程度比较	计算过程复杂，对数学水平要求较高
综合评价法	包括现状评价、趋势评价及稳定性评价三个部分	需要较长时期的数据资料	较为全面、宏观，评价结果具有较强的综合性及逻辑性	复杂，涉及内容多，难应用于大范围
基于遥感、GIS评价法	利用遥感、GIS 软件功能实现对区域生态环境脆弱程度的评价	适用于具有充足基础图件的生态脆弱性评价	可实现对评价结果的空间表达、分析对比	需要空间信息的数据，成本较高

2.5.4 黄河口海域生态脆弱性评估指标的初步构建

目前，国内进行的陆域生态系统脆弱性评估指标体系主要有单一类型区域的评价指标体系和综合型的指标体系。单一类型区域的评价指标体系只适用于特定的湿地、内河流域、山地区域等，研究内容单一，适用范围较窄，而综合型的指标体系包含的指标较全面，考虑范围较广（周嘉慧，2008）。徐广才等（2009）认为生态脆弱性指标评价法的关键在于选择科学合理的评价指标、指标权重赋值和等级划分。石洪华（2012）等以 PSR 模型为框架，采用指标评价方法，建立了莱州湾海域生态脆弱性评价指标体系。目前，以 D-PSR-C 概念模型为工作框架的研究比较深入，如徐惠民（2008），以 D-PSR-C 概念模型为工作框架建立了大连市人口素质评价指标体系，叶属峰（2012）以 D-PSR-C 概念模型为工作框架建立了生态长江口综合评价指标体系，本书在目前应用较为广泛的 D-PSR-C 概念模型基础上，以黄河口海域为研究对象，初步构建了黄河口海域海洋生态脆弱性评估指标体系（表 2-5-3），以期为后续评估工作提供工作框架和参考。

表 2-5-3 黄河口海域海洋生态脆弱性评估指标体系初步构建

目标层	项目层	子项目层	指标层
海洋生态脆弱度	动力（D）	社会发展	人均 GDP 增长率
		经济发展	区域内的人口密度
	压力（P）	自然影响作用	海岸线变化速率
		人类干扰	占用海域面积的百分比
			水质单因子评价指数
			泥螺入侵的面积
	状态（S）	组织结构	生物多样性指数
			潮间带生物群落结构

续表

目标层	项目层	子项目层	指标层
海洋生态脆弱度	状态(S)	功能活力	初级生产力水平
			浮游植物细胞密度
			浮游动物生物量
			底栖生物量
	响应(R)	生态系统的活力	渔业资源年产量
			鱼卵、仔鱼数量
		恢复力	海水净化能力
		生态系统功能服务	各生态服务功能价值
	调控力(C)	投入量	海洋管理
			科研水平
			万元 GDP 的环保投入比
		法律法规政策	法律有效性及执行情况
			公众参与认识程度

黄河口海洋生态脆弱性评估指标体系包括目标层、项目层、指标层，以海洋生态脆弱度作为第 1 层次目标层，用以诊断研究区域生态系统状况及其空间结构特征；第 2 层次为项目层，包括驱动力(*D*)、压力(*P*)、状态(*S*)、响应(*R*)和调控力(*C*) 5 个项目；第 3 层次为指标层，主要包含容易获取或搜集计算得到的指标。

① 驱动力(*D*)项目层：包括社会和经济发展这两个子项目层，一般可用人均 GDP 增长率来衡量经济发展水平；用区域内的人口密度来衡量社会发展水平。

② 压力(*P*)项目层：包括自然影响作用和人类干扰两个子项目层。自然影响黄河口海岸的蚀淤动态来反映，以海岸线变化速率来表示。人类干扰由人类开发利用、海洋环境污染和外来物种泥螺入侵三方面进行衡量。以围填海、养殖用海、港口用海、油气勘探开发用海等一系列方式占用海域面积的百分比表示人类利用情况；以水质单因子评价指数指标反映环境污染情况；以泥螺入侵的面积占潮间带总面积的百分比作为外来物种入侵指标。

③ 状态指标(*S*)项目层：包括组织结构和功能活力两个子项目层，主要从生态系统内在的生态条件出发，评价其组织结构和功能活力状况。组织结构方面通过生物多样性指数和潮间带生物群落结构指标来衡量。功能活力方面通过初级生产力水平、浮游植物细胞密度、浮游动物生物量和底栖生物量等指标来衡量。

④ 响应力(*R*)项目层：包括生态系统的活力、恢复力以及生态系统功能服务 3 个子项目层，用以评估生态系统响应状况。生态系统的活力从渔业资源年产量和鱼卵、仔鱼数量方面体现，恢复力以海水净化能力为参考指标，生态系统功能服务采用各生态服务功能价值来衡量。

⑤ 调控力(*C*)：包括投入量和法律法规政策两个子项目层。投入量引用海洋管理和科研水平、万元 GDP 的环保投入比重来衡量，法律法规政策采用法律有效性及执行情况和

公众参与认识程度两个指标来衡量。

2.5.5 小结

目前生态脆弱性评估指标和方法的选择仍存在较多的问题，开展海洋生态脆弱性评估指标体系构建和评估方法研究仍是今后研究工作中的重点。本节以D-PSR-C概念模型为基础，以黄河口海域为研究对象，初步构建了黄河口海域海洋生态脆弱性评估指标体系，以期为后续的研究工作提供参考。

参考文献

[1] Barry Robertson, Leigh Stevens. Motupipi estuary vulnerability assessment & monitoring recommendations[R]. Coastal management, 2008, 1-47.

[2] IPCC, Climate change 2001: Impacts, adaptation and vulnerability[M]. Cambridge: Cambridge University Press, 2011.

[3] 国家海洋局. 中国海洋环境状况公报[R]. 北京:2012.

[4] 庞小平，王自磐，鄂栋臣. 南极生态环境分类及其脆弱性分析[J]. 测绘与空间地理信息，2006，29(6)：1-4

[5] 乔青，高吉喜，王维，等. 生态脆弱性综合评价方法与应用[J]. 环境科学研究，2008，21(5)：117-123

[6] 石洪华，丁德文，郑伟，等. 海岸带复合生态系统评价、模拟与调控关键技术及其应用[M]. 北京:海洋出版社，2012.

[7] 徐惠民. 大连市人口素质评价指标体系的构建[J]. 辽宁师范大学学报(自然科学版)，2008，(1)：114-117.

[8] 徐广才，康慕谊，贺丽娜，等. 生态脆弱性及其研究进展[J]. 生态学报，2009，29(5)：2578-2588.

[9] 叶属峰，程金平. 生态长江口评价体系研究及生态建设对策[M]. 北京:海洋出版社，2012.

[10] 赵跃龙. 中国脆弱生态环境类型分布及其综合整治[M]. 北京:中国环境科学出版社，1999.

[11] 赵跃龙，张玲娟. 脆弱生态环境定量评价方法的研究[J]. 地理科学，1998，18(1)：73-78.

[12] 周嘉慧，黄晓霞. 生态脆弱性评价方法评述[J]. 云南地理环境研究，2008，20(1)：55-59.

2.6 黄河口海域承载力评估技术

随着社会经济的快速发展和人类活动的加剧，区域资源、环境、生态问题突出，而区域的承载能力是有限的，一旦当该区域的影响强度超出其承载能力后，则对该区域的破坏性往往是长期且不可逆的。自从20世纪80年代以来，人类社会的可持续发展成为全球关注的热点问题。生态承载力作为可持续发展的支撑理论已逐渐得到国内外学者的重视，可持续发展与生态承载力研究的相关性得到了学术界的普遍认可，在生态承载力许可的范围内发展经济已经形成共识。生态承载力解决的是人口、资源、环境与发展的问题，也是可持续发展的核心问题（朱志平，2007）。随着我国海洋经济的快速发展，海洋生态环境面临的压力也越来越大。如何处理好上述海域生态承载力与经济发展的关系、如何在海洋生态承载力许可的范围内实现又好又快发展是每个区域都要面临的关键问题。2009年12月1日国务院通过了《黄河三角洲高效生态经济区发展规划》，使黄河口区域成为我国实施国家战略开发建设的区域之一，这是继珠江三角洲、长江三角洲开发建设之后，成为新世纪开发建设的重点区域。而对于如何科学合理地评估黄河口海域的承载力状况，对于该区域的科学开发具有重要的指导意义。

2.6.1 承载力研究发展现状

20世纪20年代初期，帕克和伯吉斯在人类生态学研究中提出了承载力的概念，即在某一特定环境条件下（主要指生存空间、营养物质、阳光等生态因子的组合），某种个体存在数量的最高极限。随后，承载力相继在经济学、人口学等领域展开，尤其是20世纪六七十年代，自然资源耗竭和环境恶化等全球性问题的爆发引起地球承载能力及相关命题研究的广泛开展。联合国粮农组织（FAO）和教科文组织（IESCO）先后组织了承载力的大型研究，提出了一些承载力的定义和量化方法。20世纪80年代后期，可持续发展概念和思想得以提出，承载力被认为是它的一个固有方面，并与之相结合而获得新的发展。90年代以来，承载力研究成为国内外学者关注的热点问题之一，其研究对象范围涉及区域土地资源、水资源、环境、生态等众多要素综合体。目前，生态承载力概念的演变经历了种群承载力、资源环境承载力、生态系统承载力和人类系统承载力4个阶段（Daily G C，1992；Arow K，1995；Cohen J E，1995；Costanza R，1995；Harris J M，1999；Sagoff M，1995；Scidl I，1999），已成为生态环境管理的有效工具。尤其是进入21世纪后，全球性的环境问题极其严峻，研究呈现出广泛的交叉性特征，不仅对单一资源承载力、环境承载力进行了大量研究，还从整个生态系统可持续发展角度出发进行研究，取得了一定的进展。20世纪90年代初，生态足迹（Ecological Footprint）的概念由加拿大生态经济学家Rees（1992）提出，后来Wackernagel又对其进行了改进，使承载力的研究从生态系统中的单一要素转向整个生态系统。与此同时，国外对于生态承载力的研究，也逐渐从静态转向动态，从定性转为定量，从单一要素转向多要素乃至整个生态系统，对于生态承载力的概念也日趋完善。

我国学者不但在水资源承载力、土地资源承载力、矿产资源承载力、资源环境承载力、生态承载力等单因素承载力方面作了大量工作，而且在海域承载力、海洋生态环境承载力、海岸带区域综合承载力等方面也作了有益的初步探索。

在水资源承载力研究方面，姚治君（2002）定义了水资源承载力的概念，并阐述了水资源承载力的内涵与特性。在分析区域水资源承载力影响因子之后，研究了区域水资源承载力的理论研究层次，对水资源承载力理论体系的建立作了较为深入的探析。冯耀龙

(2003)对区域水资源承载力进行了科学界定;揭示了其内涵与实质,认为区域水资源承载力具有“流体”的特征,以“承载人口数”作为其综合指标,采用系统优化方法建立了区域水资源承载力的计算模型,并对天津地区现有水资源的承载力状况进行了概化研究。朱一中(2003)建立了水资源承载力评价指标体系,对各评价指标的可承载极限临界值和理想值进行了界定,建立了水资源承载力模糊综合评判模型,并运用其对西北地区现状年及未来不同发展情景方案下的水资源承载状况进行了评价。车越(2006)以上海崇明岛为例,运用水资源承载力多幕景系统动力学仿真模型,动态模拟了水资源对经济社会的承载能力,得出不同水平年崇明岛水资源承载能,得到提高崇明岛水资源承载力的优化策略。刘树锋(2007)建立水资源承载力及其影响因子间定量关系的基于神经网络的水资源承载力辐合模型。以惠州市为研究区域,预测了未来水平年不同供水保证率下水资源的承载力方案。

在土地资源承载力研究方面,我国的土地承载力研究兴起于 20 世纪 80 年代,其中最具代表的研究成果当属由中国科学院自然资源综合考察委员会主持,国内 13 家高校和科研机构参加的《中国土地资源生产能力及人口承载量研究》项目,该研究以土地资源—粮食生产—人口承载的分析为主线,预测了全国及各省、市、区未来 2 个时段(2000 年和 2025 年)可承载的人口规模(蔡海弘,2013)。目前,土地资源承载力概念的发展历程,可分为 3 个发展阶段:人口承载力阶段、综合承载力阶段和生态足迹阶段(刘传江,2008)。崔侠(2003)应用土地遥感解译图,并根据广州总体发展战略规划进行了东部地区土地资源承载力研究。刘传江(2008)根据三峡库区的特点,采用耕地承载力、饲草承载力和森林植被承载力作为评价指标,对库区的耕地、森林植被以及饲草的承载力状况进行了评价。郭艳红(2011)从土地资源人口承载力、建设规模承载力、经济承载力和生态承载力 4 个方面构筑了土地资源承载力评价指标体系,采用均方差分析法,对北京市土地资源承载力状况进行评价。曾璐(2012)认为土地综合承载力是指在一定的时间和空间区域内,在一定的社会、经济、自然生态条件下,土地资源所能承载的人类各种活动规模和强度的阈值,并构建贵阳市的土地综合承载力评价指标体系,运用均方差决策法和综合指数法等方法,计算得到贵阳市各区县土地综合承载力指数,结果显示贵阳市土地综合承载力处于中等水平。赵振华(2013)从耕地保障能力、生活空间、经济和生态承载力等方面建立起评价区评价指标体系,并采用层次分析法确定指标权重,对黄河三角洲高效生态经济区土地资源承载力进行了研究。

在矿产资源承载力方面,王玉平(1998)认为矿产资源人口承载力是指在一个可预见的时期内,在当时的科学技术、自然环境和社会经济条件下,矿产资源存量用间接的方式表现的所能持续供养的人口数量,矿产资源人口承载力具有时限性、间接消费性、刚性选择性和利用过程中浪费与环境污染的并生性特点,建立了矿产资源人口承载力分析的指标体系与计算模型,并对现有资源和预测资源的人口承载力进行了定量计算和分析,确定了 2000 年、2010 年的矿产资源人口承载数量。栾文楼(2007)应用生态占用空间的环境评价模型和模糊综合评判模型,定量分析了矿业活动对环境承载力的影响、现状与发展趋势;确定了河北省未来一定时期内矿产资源的总体战略和总体目标。陈明曦(2011)构建了“目标层—准则层—因子层—指标层”资源环境承载力评价体系,并在此基础上通过专家咨询打分的方式，采用层次分析法（AHP 法）计算得出甘孜州矿产资源总体规划实施现状年、近景年、远景年 3 个时间段资源—环境承载力综合指数，为四川省甘孜州矿产资源总体规划环评影响评价提供了技术支撑和科学根据。

在资源环境承载力方面，20 世纪 80 年代初，我国开始进行资源环境承载力研究，早期研究关注较多的是水土资源承载力，90 年代后，越来越多的学者开始研究资源环境综合承载力的理论和方法，并将其应用于土地、矿产、能源、环保等各个领域，取得了众多成果（钟维琼，2013）。按照发展阶段的不同研究期间来分，大致分为资源承载力研究、资源环境承载力研究、区域生态承载力研究三个类型；根据具体研究对象的差别，大致可概括为单个环境要素承载力研究和综合资源环境承载力研究两大类（蒋辉，2011）。在研究方法上主要以实证研究为主，大部分基于调查问卷、实地调研、文献综述、数据统计、实验、GIS、模拟仿真等研究方法，评价方法多种多样，如生态足迹法、能值分析法、AHP 层次分析法、聚类分析法、DEMATEL 方法、信息熵法、基于动态的反应法、灰色妥协规划法、模糊综合评价法、时间序列等，以及在以上方法基础上进行的改进和综合使用（李华姣，2013）。随着资源环境承载力评价方法研究的不断深入，不少研究人员将其应用于区域资源环境承载力和城市资源的评价，如毛汉英（2001）从实施可持续发展战略出发，采用定量方法研究环渤海区域的资源环境综合承载力，并对其今后变化的趋势进行了预测。但目前资源环境承载力的理论内涵研究尚浅，需要统一的评价指标体系，在区域、城市中仍有很大的推广空间（高湘昀，2012）。资源环境承载力发展阶段可由图 2-6-1 表示。

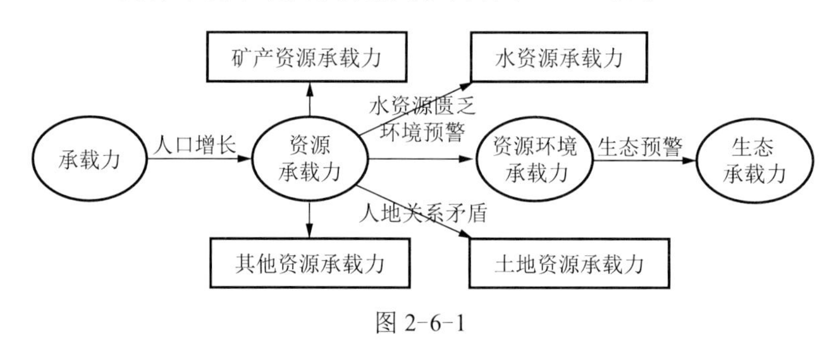

图 2-6-1

在生态承载力方面，王家骥等（2000）是国内较早开展生态承载力研究的学者，他以黑河流域为例，采用自然植被的净第一生产力模型，探讨了生态承载力的概念和估测的方法，认为利用自然植被的净第一生产力数据可以反映自然体系的生产能力和受内外干扰后的恢复能力，是自然体系生态完整性维护的指示。高吉喜（2001）发展了生态承载力的概念，认为生态承载力是生态系统的自我维持、自我调节能力，资源与环境的供容能力及其可维育的社会经济活动强度和具有一定生活水平的人口数量；生态承载力由资源承载力、环境承载力和生态弹性力三个部分构成，它不是固定不变的，人类可以通过相应的手段改善系统的生态承载力状况。他提出了生态可持续调控的相关理论，并对生态可持续调控的原理、机制、方式、模式进行了分析，最后运用层次分析法对黑河流域的生态承载力状况进行了分析和估算。黄晴等（2004）认为对于某一区域，生态承载力强调的是系统的承载功能，而突出的是对人类活动的承载能力，其内容应包括资源子系统、环境子系统和社会子系统，生态系统的承载力要素应包含资源要素、环境要素及社会要素。目前国内外采用的生态承载力评价方法，主要有自然植被净第一生产力估测方法、资源与需求的差量方法、综合评价方法、生态承载指数与压力指数、状态空间法、生态足迹法、基于生态系统健康评价法等。如余丹林（2003）在分析单因素承载力对区域实际承载力的反映存在一定局限性的基础上，通过利用综合多种因素的状态空间法求出综合的区域承载力，并以资源、环境与经济社会发展矛盾比较突出的环渤海地区为例，求算出环渤海地区现实的承载力情况。杨志峰（2005）提出了基于生态系统健康的生态承载力概念，探讨了其内涵和基本特征；建立了水电梯级开发对生态承载力影响和基于生态系统健康的生态承载力计量模型；给出了基于生态系统健康的生态承载力评价指标体系和标准的确定方法，初步构建了基于生态系统健康的生态承载力理论框架，其研究成果进一步丰富了生态承载力的内涵。

在海岸带区域综合承载力研究方面，叶属峰（2012）首次构建了长江三角洲海岸带区域综合承载力评估指标体系和模型，为开展海岸带区域综合承载力研究提供了良好实践借鉴。张继民（2012）和杨建强（2014）基于“压力 — 状态 — 响应模型”构建了黄河口区域综合承载力评估指标体系和模型，并对提高黄河口区域综合承载力水平提出了相应的针对性的管理措施。在海域承载力研究方面，韩增林等（2003）提出海洋生态环境承载力是指在满足一定生活水平和环境质量要求下，在不超出海洋生态系统弹性限度条件下，海洋资源、环境子系统的最大供给与纳污能力，以及对沿海社会经济发展规模及相应人口数量的最大支撑能力。苗丽娟等（2006）在借鉴国内外区域承载力研究思路与方法的基础上，结合我国沿海各地海洋生态环境的实际状况，给出评价指标选取的原则，通过综合分析各地的社会、经济、资源与生态环境因素，构建适合我国海洋生态环境承载力评价的指标体系。从国内外最新研究进展来看，承载力的理论方法及定量化研究更加深入，但研究重点主要集中于陆域区域，在海洋领域，海洋承载力概念与陆域发展大体相似，取得了一定的研究成果，但其在海洋领域的研究与应用明显不足。

2.6.2　黄河口海域承载力评估方法构建

本书应用“压力 — 状态 — 响应”（PSR）框架模型构建黄河口海域综合承载力评估指标体系。PSR 模型以及评价指标体系因具有系统性、可操作性、易获取性、可比性等优点，已被广泛应用于土地可持续利用、生态系统健康评价研究中（周炳中，2002；颜利，2008）。应用压力 — 状态 — 响应（PSR）模型构建黄河口海域综合承载力评估指标体系与模型，突出了研究区域受到的压力和承载状态之间的因果关系，压力、状态、响应三个环节相互制约和相互影响。

1）评价指标体系的构建

（1）评价指标筛选原则

正确选择评价指标是科学揭示黄河口海域综合承载力差异的前提，一般应符合以下基本原则：

① 完整性原则：指标体系应尽可能全面地反映综合承载力评估各方面的状况；

② 简明性原则：指标概念明确，易测易得；

③ 独立性原则：某些指标间存在显著的相关性，反映的信息重复，应择优保留；

④ 可评价性原则：指标均应为量化指标，并可用于地区之间的比较评价；

⑤ 稳定性原则：便于承载力评估成果资料在较长一段时间内具有应用价值。

（2）指标体系构建

本研究中根据专家的咨询意见，遵循科学性、可表征性、可度量性以及可操作性的原则，筛选了评估指标体系中的关键因子。以海岸带环境压力、海岸带开发强度、海洋生态功能状况、海洋环境质量现状和环境保护状况为系统层，以海域承载力评估指标体系中的重要指标为指标层，建立黄河口海域承载力评估指标体系递阶层次结构，见表 2-6-1。在 PSR 框架内，黄河口海域承载力状况由三个不同但又相互联系的指标类型来表达：压力指标反映人类活动给区域造成的负荷；状态指标表征区域海洋资源、海洋环境质量及经济状况；响应指标表征区域面临问题所采取的措施，该评估框架能够较好地突出三者间的因果关系。

表 2-6-1　黄河口海域承载力评估指标体系

评价模式	一级指标体系	一级指标权重	二级指标体系	二级指标权重
P	海洋环境压力	0.2	黄河入海水资源量（亿立方米）	0.5
			捕捞船舶功率	0.25
			海水养殖面积（khm^2）	0.25
	海岸带开发强度	0.2	人工岸线长度（km）	0.5
			岸线变化速率（km/a）	0.5
S	生态功能状况	0.3	海洋初级生产力（$mg. C/m^2 \cdot d$）	0.6
			大型底栖生物多样性指数	0.4
	海洋环境质量状况	0.2	富营养化指数	0.5
			海域污染面积比例%	0.5
R	环境保护状况	0.1	海洋保护区面积占海域面积比例	0.5
			排污口污染物入海达标率	0.5

2）评价模型

评价模型采用层次分析法基础上的加权求和，即通过层次分析法确定参评要素的权值。某个因素的评价分值等于各因子指标分值加权之和，即：

$$E_i = \sum_{j=1}^{n} X_j W_j$$

式中：E_i 为 i 因素的评分值；X_j 为 i 评价因素中 j 因子的作用值；W_j 为 j 因子的权重值。评估指标权重采用传统的层次分析法确定，首先用标度的方法构造出矩阵，其次，根据有实践经验的专家技术人员对分因子层各分因子的重要性判断结果，得到判断矩阵，并对矩阵进行一致性检验，最后，再进行层次单排序和总排序的计算。经修正后的指标权重结果见表 2-6-1。

海域综合承载力评估指数的计算式为：

$$C = \sum_{i=1}^{n} E_i W_i$$

式中：C 为海域承载力综合评价指数；W_i 为 i 因素的权重值。按照上述计算方法首先计算出各个因素的分值，然后再计算出总分值，并以此进行承载状态分级，确定海域承载现状。

3）数据标准化处理

由于指标体系中各项评价指标的类型复杂，各系数之间的量纲不统一，各指标之间缺乏可比性。例如，淡水入海量、海洋初级生产力、生物多样性指数及响应指标与海域综合承载力指数成正相关，海岸带开发强度指标均与海域综合承载力指数成负相关。因此，在利用上述指标时，必须对参评因子进行标准化处理。为了简便、明确、易于计算，首先对它们的实际数值进行等级划分，分为 5 级，然后根据它们对海域综合承载力指数的大小及相关关系对每个等级给定标准化分值，标准化分值设定在 0～1 之间。标准化分值计算采用拉格朗日插值法、等距节点插值－牛顿前插法等。

4）承载力综合评估等级划分

按照综合指数从高到低排序，反映其从优到劣的变化，共分为 5 个等级：$C \geqslant 0.8$，为可承载状态；$0.6 \leqslant C < 0.8$，为可承载状态；$0.4 \leqslant C < 0.6$，为满载状态；$0.2 \leqslant C < 0.4$，为超载状态；$0 \leqslant C < 0.2$，为严重超载状态。根据评价结果所对应的等级，确定黄河口海域承载能力状况。

2.6.3　黄河口海域承载力评估

各评价指标标准取值见表 2-6-2，各评价指标分值见表 2-6-3，黄河口海域综合承载力评估指数为 $C = 0.53$。

目前，海域承载力研究领域方兴未艾，其概念、内涵、评价指标体系、模型构建及其应用等问题有待进一步深入探讨。如何更加科学与合理地评价某个海域承载力状况，对于实施该海洋经济发展、环境保护与管理具有重要的指导作用，本书由于获取数据的限制，评价结果可能不能够全面反映黄河口海域承载力状态，但对于评估该海域承载力状况的发展趋势仍具有重要的借鉴意义。此外，承载力评估指标权重的科学确定和等级划分的阈值确定一直是个比较困难的问题，需要在以后的研究与实践中修正完善。

表 2-6-2　各评价指标标准化取值

指标体系	标准化取值范围				
	0.8～1.0	0.6～0.8	0.4～0.6	0.2～0.4	0～0.2
黄河入海水资源量（亿 m^3）	200～300	150～200	100～150	60～100	0～60
船舶捕捞功率（kw）	0～2	2～4	4～6	6～8	8～12
海水养殖面积（khm^2）	0～10	10～25	25～40	40～60	60～100
人工岸线长度（km）	0～10	10～20	20～30	30～40	40～60
岸线变化速率（km/a）	0～5	5～10	10～15	15～25	25～40
海洋初级生产力（$mg \cdot C/m^2 \cdot d$）	1 000	340	200	140	70
大型底栖生物多样性指数	3～4	2.5～3	2～2.5	1～2	0～1
富营养化指数	0～1	1～2	2～4	4～6	6～10

续表

指标体系	标准化取值范围				
	0.8～1.0	0.6～0.8	0.4～0.6	0.2～0.4	0～0.2
海域污染面积比例(%)	0～10	10～25	25～40	40～60	60～100
海洋保护区面积占海域面积比例	15%～30%	10%～15%	5%～10%	1%～5%	0～1%
排污口污染物入海达标率	97.5～100	92.5～97.5	85～92.5	80～85	0～80

表 2-6-3 各评价指标标准化分值

指标体系	2012 年	
	现状值	标准化分值 X_i
黄河入海水资源量(亿 m^3)	276.9	0.92
船舶捕捞功率(万 kw)	3.6	0.62
海水养殖面积(khm^2)	124.7	0
人工岸线长度(km)	40.9	0.19
岸线变化速率(km/a)	−43.0	0
海洋初级生产力($mg·C/m^2·d$)	391	0.81
大型底栖生物多样性指数	1.88	0.37
富营养化指数	0.16	0.88
海域污染面积比例(监测站位超标比例)(%)	70%	0.07
海洋保护区面积占海域面积比例(以东营黄河口生态国家级特别保护区占调查海域的面积比例)	55%	1
排污口污染物入海达标率	100%	1

备注:数据来源于外业调查及调研;其中排污口污染物入海达标率数据来自 2012 年北海区海洋环境公报。

2.6.4 小结

应用“压力－状态－响应”(PSR)模型构建黄河口海域承载力评估指标体系,该指标体系由 5 个一级指标和 12 个二级指标体系构成,并以 2012 年调查数据为基础,采用综合指数法评估了黄河口海域的承载力状态。结果表明,2012 年期间黄河口海域承载力处于满载状态,主要由于目前黄河口海域生态状况不佳所致。2012 年黄河口海域污染面积比例依然过大,大型底栖生物多样性指数较低,成为制约黄河口区域综合承载力提高的重要因素,但随着黄河淡水入海量的持续增加和海洋环境保护状况力度加强,陆源入海排污口污染物排放达标率持续上升和海洋保护区建设,有可能会进一步提升黄河口海域的承载能力。在目前黄河口海域承载力处于满载状态的情况下,需要优先控制海水养殖规模,降低捕捞能力和自然岸线的利用程度,防治海域无机氮污染,并持续维持陆源入海排污口污染物的排放达标率,进而提高海域承载力,为区域经济与海洋环境的和谐发展提供保障。

参考文献

[1] Arow K, Bolin B, Costanza R, et a1. Economic growth, carrying capacity and the environment[J]. Science, 1995, 268: 520-521.

[2] Cohen J E. Population growth and earth's human carrying capacity[J]. Science, 1995, 269: 341-346.

[3] Costanza R. Economic growth, carrying capacity, and the environmental[J]. Ecological Economics, 1995, 15: 89-90.

[4] Daily G C, Ehrlich P R. Population sustainability and earth'scarrying capacity[J]. BioScience, 1992, 42(10): 761-771.

[5] Harris J M , Kennedy S. Carrying capacity in agriculture: Global and regional issues. Ecological Economics, 1999, 29: 443-461.

[6] Sagoff M. Carrying capacity and ecological econonfics[J]. Bioscience, 1995, 45(9): 610-618.

[7] Scidl I, Tisell C A. Carrying capacity reconsidered: From Malthus'population theory to cultural carrying capacity[J]. Ecological Economics, 1999, 31: 395-408.

[8] 蔡海,李明明,胡德礼. 土地承载力的研究现状与存在问题 [J]. 广东化工, 2013, 40(12): 99-100.

[9] 车越,张明成,杨凯. 基于 SD 模型的崇明岛水资源承载力评价与预测 [J]. 华东师范大学学报自然科学版, 2006, 6: 67-74.

[10] 陈明曦,杨玖贤,孙大东. 矿产资源总体规划对四川省甘孜州资源—环境承载力影响分析研究 [J]. 四川环境, 2011, 30(3): 128-132.

[11] 崔侠,姚艳敏,何江华. 广州市东部地区土地资源承载力研究 [J]. 生态环境, 2003, 12(1): 42-45.

[12] 狄乾斌,韩增林. 海域承载力的定量化探讨——以辽宁海域为例 [J]. 海洋通报, 2005, 24(1): 47-54.

[13] 冯耀龙,韩文秀,王宏江. 区域水资源承载力研究 [J]. 水科学进展, 2003, 14(1): 99-113.

[14] 高吉喜. 可持续发展理论探索: 生态承载力理论、方法与应用 [M]. 北京: 中国环境科学出版社, 2001.

[15] 高湘昀,安海忠,刘红红. 我国资源环境承载力的研究评述 [J]. 资源与产业, 2012, 14(6): 116-119.

[16] 郭艳红. 基于均方差分析法的北京市土地资源承载力评价 [J]. 资源与产业, 2011, 13(6): 62-66.

[17] 韩增林,狄乾斌,刘锴. 海域承载力的理论与评价方法 [J]. 地域研究与开发, 2006, 25(1): 1-5.

[18] 蒋辉,罗国云. 资源环境承载力研究的缘起与发展 [J]. 资源开发与市场, 2011, 27(5): 453-456.

[19] 李华姣，安海忠．国内外资源环境承载力模型和评价方法综述——基于内容分析法 [J]．中国国土资源经济，2013，8：65-68.

[20] 梁瑞驹，王浩，等．流域水资源管理 [J]．北京：科学出版社，2001.

[21] 刘传江，朱劲松．三峡库区土地资源承载力现状与可持续发展对策 [J]．长江流域资源与环境，2008，17（4）：522-528.

[22] 刘树锋，陈俊合．基于神经网络理论的水资源承载力研究 [J]．资源科学，2007，29（1）：99-105.

[23] 龙腾锐，姜文超，何强．水资源承载力内涵的新认识 [J]．水利学报，2004，1：38-45.

[24] 栾文楼，崔邢涛．河北省矿产资源可持续发展战略研究 [J]．矿业快报，2007，6：1-4.

[25] 毛汉英，余丹林．环渤海地区区域承载力研究 [J]．地理学报，2001，56（3）：363-371.

[26] 石月珍，赵洪杰．生态承载力定量评价方法的研究进展 [J]．人民黄河，2005，27（3）：6-8.

[27] 王开运，邹春静，张桂莲．生态承载力——复合模型系统与应用 [M]．北京：科学出版社，2007.

[28] 王家骥，姚小红，李京荣．黑河流域生态承载力估测 [J]．环境科学研究，2000，13（2）：44-48.

[29] 颜利，王金坑，黄浩．基于 PSR 框架模型的东溪流域生态系统健康评价 [J]．资源科学，2008，3（1）：107-113.

[30] 杨建强，张继民，宋文鹏．黄河口生态环境与综合承载力研究 [M]．北京：海洋出版社，2014.

[31] 杨志峰，隋欣．基于生态系统健康的生态承载力评价 [J]．环境科学学报，2005，25（5）：586-594.

[32] 姚治君，王建，江东．区域水资源承载力的研究进展及其理论探析 [J]．水科学进展，2002，13（1）：111-115.

[33] 叶属峰．长江三角洲海岸带区域综合承载力评估与决策：理论与实践 [M]．北京：海洋出版社，2012.

[34] 余丹林，毛汉英，高群．状态空间衡量区域承载状况初探——以环渤海地区为例 [J]．地理研究，2003，22（2）：201-210.

[35] 曾璐，彭敏．区域土地资源综合承载力评价研究——以贵阳市为例 [J]．贵州大学学报（自然科学版），2012，29（4）：130-135.

[36] 张红．国内外资源环境承载力研究述评 [J]．理论学刊，2007，10（164）：80-83.

[37] 张继民，刘霜，尹维瀚，等．黄河口区域综合承载力评估指标体系初步构建及应用 [J]．海洋通报，2012，31（5）：496-501.

[38] 赵振华，荆浩森，李生清，等．黄河三角洲高效生态经济区土地资源承载力研究 [J]．国土资源斜技管理，2013，30（1）：13-18.

[39]《中国土地资源生产能力及人口承载量研究》课题组．中国土地资源生产能力及人口承载量研究 [M]．北京：中国人民大学出版社，1991.

[40] 钟维琼．资源环境承载力应用领域综述 [J]．中国国土资源经济，2013，9：51-55.
[41] 周炳中，杨浩，包浩生，等．PSR 模型及在土地可持续利用评价中的应用 [J]．自然资源学报，2002，1(5)：542-548.
[42] 朱一中，夏军，谈戈．西北地区水资源承载力分析预测与评价 [J]．资源科学，2003，25(4)：43-48.
[43] 朱志平，郑蕉．生态承载力研究展望 [J]．林业建设，2007，4：31-34.

第3篇

监测与管理

从生态学的角度出发，黄河口海域生态系统管理的目的是要保证其各项服务功能的正常发挥，并紧紧围绕此目标建立相应的监测与评价体系，在监测的基础上对河口海域生态系统状况进行客观评价，评价结果作为海洋行政主管部门实施管理对策的重要依据。为此，监测方案的设计是开展海洋环境监测工作的重要基础，良好的监测方案设计不仅省时省力，最重要的是能够真实客观反映海洋环境质量状况，从而为海洋行政主管部门制定相应的管理对策和实施管理行动提供科学依据。

3.1 黄河口生态系统监测方案设计思路

黄河口生态系统诊断与评估监测方案的设计应从黄河口海域生态状况及发展需求出发，针对其存在的环境与生态问题、资源和开发利用问题、管理和保护问题等，制定相应的保护管理目标及监测目标，从而设计相应的监测方案。

如何做好黄河口生态监测与评价？我们可以借鉴管理学中的5个W（What，Why，Where，When，Who）做好监测工作。首先，我们应该知道为什么要做黄河口生态监测（Why），即监测的目的和意义；其次，我们应该知道监测什么（What），即监测哪些指标和要素才能真实客观反映河口生态状况；此外，还需要知道：在哪里监测（Where），即监测站位布设的空间覆盖精度；何时监测（When），即监测时间与频率；谁去监测（Who），即监测人员素质问题；最终形成从监测方案设计至野外调查实施的可操作性流程。

（1）为什么要开展黄河口生态监测（Why）

为什么要开展黄河口生态监测（Why），即开展监测的目的意义是什么，只有知道监测的目的意义，才会懂得监测工作或任务的重要性，增强我们的责任意识。首先，需要了解河口生态的重要性。河口海域是最重要的海洋生态系统之一，也往往是海洋生产力最高，生物多样性丰富、开发利用强度最大的区域，对维持区域海洋生态系统平衡和社会经济的可持续发展具有非常重要的意义，而开展河口生态监测是我们了解和掌握河口生态状况的基础性工作，是海洋环境行政主管部门制定河口生态资源管理与保护的重要技术依据，其监测质量的好坏决定了河口生态资源是否能够得到有效管理与保护。其次，需要了解黄河口生态的独特性。黄河是中华民族的母亲河，黄河口生态系统是我国典型的河口生态系统之一，黄河三角洲湿地生态系统是国际重点保护的湿地之一。黄河每年向海洋输入巨量的淡水、泥沙和各种营养盐类，并在河口和近海区形成了适宜于海洋生物生长、发育的良好生态环境，成为黄渤海渔业生物的主要产卵场、孵幼场、索饵场，尤其是每年巨量淡水的输入对于维持渤海盐度处于正常水平具有重要而独特的生态意义，而开展黄河口生态监测对于黄河口独特的生态保护工作至关重要。最后，应清楚国家和公众对黄河口生态的关注程度。黄河口区域历来是我国海洋生物资源与环境综合调查和研究的重点区域之一，并开展了多次的国家重大基础发展规划项目、自然科学基金项目及其他科研项目的研究。尤其是自2004年起，国家海洋局建立了黄河口生态监控区，监控面积达2600 km^2，以期掌握黄河口生态状况及变化，制订相应调控措施，用以保障黄河口生态功能的正常发挥。因此，只有通过科学合理的监测工作，才能为海洋环境保护行政主管部门掌握黄河口生态监控区环境变化状况和湿地生态恢复状况，为合理保护、管理和开发利用黄河口海域的海洋生态及资源提供科学依据。

（2）黄河口生态监测什么（What）

黄河口生态监测什么（What），即为客观真实反映河口生态状况，需要监测哪些指标和要素？选择合理的监测指标对于开展河口生态监测具有至关重要的作用，如果选择的监测指标代表性较好，能够比较客观真实地反映河口生态的状况，就会对河口生态管理与保护起到正面作用，反之，如果选择的监测指标代表性较差，就会对河口生态管理与保护带来不利影响。河口生态监测指标选择的重要原则应包括反映河口生态特征的敏感指标、反映对陆地径流变化明显的敏感指标、反映人类活动影响因素的指标和满足生态监测与评价要求的指标。目前，在监测指标的选择方面主要分为两类，一类是指示生物种法，以特定的反映生态状况的指示物种的分子水平、细胞水平、个体水平或种群数量等变化作为监测指标；另一类是综合指标法，包括物理、化学和生物多要素的综合。目前，由于指示生物种法在实际操作中仍存在一些问题，在实际监测与评价工作中仍比较倾向于后者。

在黄河口生态监测指标的选择方面，我们应该针对黄河口存在的生态问题，制定生态监测目标，选择相应的监测指标和与之有关的指标。目前黄河口存在的主要生态问题是营养盐如无机氮含量偏高，氮磷比严重失调，影响了浮游植物的生态平衡；海水盐度升高，造成重要经济生物产卵场和索饵场面积萎缩，鱼卵、仔鱼密度较低；底栖生物群落结构受到扰动，底栖生物密度和生物量偏离正常水平；外来物种泥螺入侵严重，破坏了潮间带生态平衡；海岸工程开发建设方式破坏了岸滩的环境，冲淤问题严重。因此，需要针对这些目标问题实施黄河口生态监测，选择合理的监测要素。因此，黄河口生态监测指标应从水文、海水质量指标、沉积环境、生物、社会调查等监测指标中选取。

——水文指标（盐度、透明度、水温、水深、简易气象指标和海况指标），能够反映黄河径流入海产生的盐度变化、透明度变化，水温能够反映监测时外部环境状况和用于生态评价参数溶解氧评价的因子，水深是能够反映采样层次的指标，简易气象和海况指标是作为样品采集过程中外部环境要素的重要参考指标。

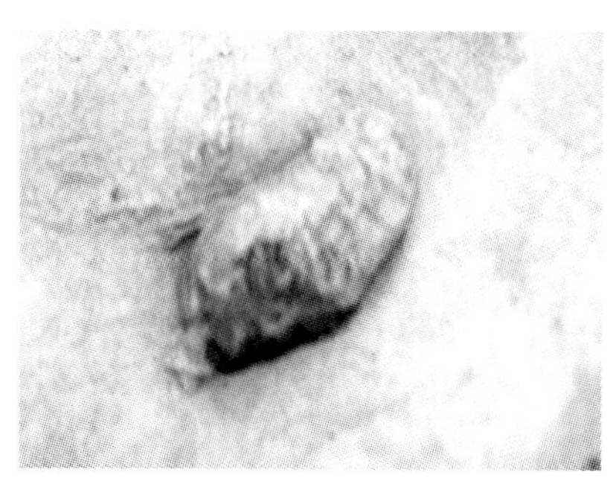

图 3-1-1　黄河口滩涂上栖息的泥螺

图 3-1-2　黄河口油田开发的进海堤路

——海水指标(油类、活性磷酸盐、无机氮、pH、化学需氧量、溶解氧及悬浮物指标)中的要素除 pH 外,均与黄河径流入海携带物质密切相关,能够反映黄河径流携带物质对河口生态的影响,pH 往往作为海水酸化指标,其在河口区域变化剧烈,能够较好地参与河口生态评价。

——生物生态指标(叶绿素 a、浮游生物、底栖生物和潮间带生物)能够反映河口生物生态评价目标需求,叶绿素 a 和浮游生物是与营养盐和盐度变化密切相关的生态指标。目前,黄河口盐度升高,适应低盐环境的生物变化较大,此外,鱼卵、仔鱼指标能够反映河口区域经济生物产卵场的状况,潮间带生物指标能够反映外来生物泥螺入侵状况。

——沉积物指标(硫化物、有机碳、粒度)中的粒度与黄河入海携带的泥沙密切相关,能够反映黄河口海域受黄河泥沙输运影响产生的变化,且粒度、硫化物和有机碳与底栖生物密切相关,均为底栖生物栖息的重要环境要素。

——社会调查指标,主要包括调查海岸工程建设情况、岸滩冲淤状况,其能够反映在人类活动直接作用下的河口生态影响状况。

(3) 在黄河口哪些区域监测(Where)

在黄河口哪些区域监测(where),即在哪里布设监测站位,如何能保证监测站位的空间覆盖精度满足监测与评价任务目标的要求?这是摆在我们面前的一个比较困难而棘手的问题。河口海域作为咸淡水交汇区域,受到陆地径流和海水动力环境的双重作用影响,加上人类活动影响,环境变化较大。因此,监测任务目的不同,站位布设也具有很大的不同。对于黄河口生态监测来说,监测站位布设原则应是在确定监测范围的基础上,以最少数量的代表性强的测站数据满足监测目标需要。黄河口生态系统是融淡水生态系统、海水生态系统、咸淡水混合生态系统、潮滩湿地生态系统等为一体的复杂系统,因此在监测站位的布设上,需要根据上述 4 个生态系统的范围,结合水动力条件和生态问题特征,照顾测站分布的均匀性进行布站,即在咸淡水交汇处混合区内适当增加测站密度,在重要经济生物的产卵场区加密布站,在泥螺入侵范围内均匀布设潮间带生物断面,在海岸工程开发强度大的地方实施定点监测。

(4) 何时开展黄河口生态监测(When)

何时开展黄河口生态监测(When),即监测的时间与频率能否满足监测与评价任务目标的要求?不同的监测时段代表不同的生态状况,如何在人力、物力和财力有限的条件下,选择恰当的监测时间和频率开展有限次的监测至关重要。河口生态监测的时间与频率应根据河口生态的特点而定。枯水期、丰水期和平水期代表了河口生态不同的三个重要时段，在这三个不同的时段中，淡水入海量的多寡对河口海域生态影响较大，因此，海水和生物项目监测选择丰水期、枯水期和平水期 3 个时期进行监测，能够比较真实客观地反映出河口生态状况。海洋沉积物、岸滩冲淤指标和社会调查指标年幅度变化较小，1 年 1 次或 2 年 1 次的频率基本上能够反映河口受泥沙输运和人类活动影响的状况。因此，河口生态监测频率原则上为水质和生物监测每年 3 次，在丰水期、枯水期和平水期进行。与此同时，考虑到河口受潮汐作用影响较大，小潮期落潮时刻能够反映河口生态污染状况，因此，监测时刻原则上应选择小潮期落潮时刻进行，以表征海域生态较差的状况，但考虑到可操作性的问题，在样品采集上应采用低平潮时准同步采样方法，采样时间应尽量控制在低平潮时刻左右，以确保样品的代表性和稳定，即使在仅有一条船的情况下，也应该根据潮波传递时间滞后现象采取准同步样。此外，考虑到近年来黄河调水调沙工程对河口生态带来的影响尚不清楚，需要针对调水调沙工程开展针对性的生态监测，用以掌握其对河口生态的影响状况，因此在监测时间和频率上应包括调水调沙工程实施前和实施后开展最少 1 次的监测。

（5）谁去监测黄河口生态（Who）

谁去监测黄河口生态（Who），即需要具备相应素质和能力水平的监测人员开展监测工作。海洋环境监测是海洋环境保护的重要基础性工作，数据质量是海洋环境监测评价工作的生命线。监测数据质量的好坏取决于监测单位的能力水平与监（检）测人员的素质，且监测人员的作用更为重要。监测人员能否获取合格的外业样品是保障数据质量最关键的基础环节之一，作为一名合格的外业监测人员，应在外业工作中时刻坚守职业道德的底线，耐得住晕船、高温、寒冷、蚊虫叮咬等系列不利的工作条件，做到样品的采集、贮存和运输符合相应的技术规范和标准，只有这样，才能为保证监测数据的质量提供最基础的保障。

（6）结语

千里之行，始于足下。黄河口生态状况的客观评价需要我们从最基础的监测工作着手，一步一个脚印做好从监测方案设计、外业调查到室内样品分析的各项工作，才能使我们比较真实客观掌握黄河口生态状况及变化，为黄河口区域海洋生态资源开发与保护提供科学依据，否则，我们的监测工作就失去了意义，目前在黄河口生态监测中尚存在一些不足之处，需要我们今后应用 5 个 W 做好黄河口生态监测工作。

3.2 黄河口生态系统诊断与监测方案设计

以黄河口生态系统完整性评估为例，设计相应的监测方案。

（1）监测目标

以保障黄河口生态功能正常发挥，掌握黄河口及邻近生态系统完整性状况，为实施黄河口海域海洋生态系统管理与修复提供依据。

（2）监测指标与分析方法

根据本书 2.3 节建立的综合评价指标体系，从生物因子、环境因子、生境因子方面确定黄河口海域生态系统完整性的监测指标，见表 3-2-1。

表 3-2-1　监测指标及分析方法

项目	指标	监测 / 分析方法
生物因子	浮游植物	浅水III型浮游生物网，个体计数法
	浮游动物	浅水II型浮游生物网，个体计数法
	底栖生物	曙光型采泥器法，个体计数法
	鱼卵、仔鱼	拖网法，个体计数法
环境因子	盐度	盐度计法
	溶解氧	碘量法
	亚硝酸盐	萘乙二胺分光光度法
	硝酸盐	锌 - 镉还原法
	氨	次溴酸盐氧化法
	活性磷酸盐	磷钼蓝分光光度法
生境因子	海岸线变化速率	卫星遥感解译
	湿地面积变化速率	

（3）监测站位布设

遵循沿用历史站位的原则，拟在黄河口海域布设 20 个调查站位，见图 3-2-1。

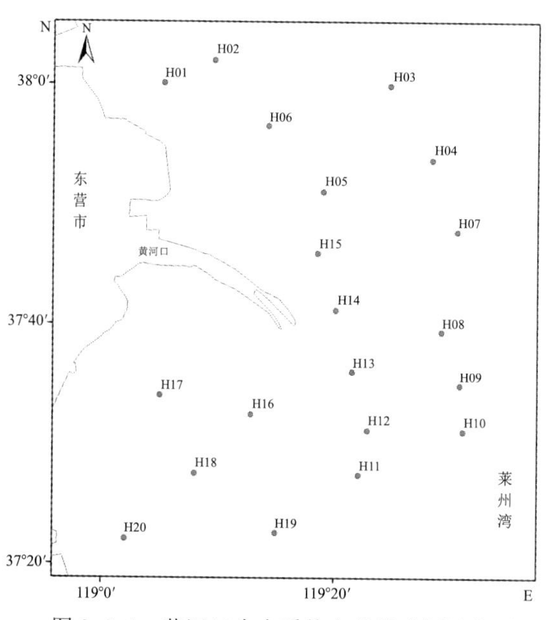

图 3-2-1　黄河口生态系统完整性监测站位图

（4）监测时间与频率

鉴于枯水期、丰水期和平水期代表了河口生态不同的三个重要时段，在这三个不同的时段中，淡水入海量的多寡对河口海域生态影响较大，因此，监测指标应选择丰水期、枯水期和平水期 3 个时期进行监测，即监测频率原则上也应为每年 3 次。

3.3 黄河口生态系统管理与对策

人类对生态系统进行活动追求直接效益最大化与局部利益最大化的过程中往往带有盲目性，常常导致生态系统服务功能的下降或受损。当生态系统受到过度人为影响时，自然恢复将不再有足够的能力恢复其原有的服务功能，因此，协调各种生态过程与人类活动，使人类活动以有序的方式进行，不仅可以优化生态系统的资源配置，使生态系统服务功能最大化，同时也有利于人类的可持续发展，为此，生态系统管理成为维护生态系统功能正常发挥的重要技术手段。

2004年开始，我国在近岸海域部分生态脆弱区和敏感区建立了15个生态监控区，2005年增加到18个，监控区总面积达5.2万km^2。黄河口生态监控区属于典型的河口生态系统，监控区面积约2 600 km^2，监测项目包括水文、化学、沉积物、海洋生物等，同时并调查监控区周边的人类活动和社会经济发展状况，为我国开展区域海洋管理提供了基础条件，但目前仅在科学监测方面做了一些工作，在海洋生态系统综合分析和海洋综合管理方面还有许多工作要做。

3.3.1 海洋生态系统管理

目前，尽管海洋资源可持续利用已经被列为海洋管理的基本原则和目标，但是在实际的管理工作中，还是以获取资源最大化为目的，可持续利用还只是一个兼顾发展的目标或者停留在规划文本上的蓝图，我国的海洋管理仍旧停留在地方行政管理和行业管理层次上，然而，基于生态系统的管理作为一种新的理念、原则、管理策略、方式和方法，正在慢慢渗透到我国海洋综合管理领域中(丘君，2006)。基于生态系统的管理具有三方面的特征：一是在管理活动中综合考虑生态、经济、社会和体制等各方面因素的综合管理；二是管理对象是对海洋生态系统造成影响的人类活动，而不是海洋生态系统本身；三是管理目标是维持海洋生态系统健康和可持续利用(丘君，2006)。因此，引入并实施生态系统管理，对改善我国海洋综合管理状况将发挥重要作用。此外，海洋生态系统是国民经济和社会发展的基础，具有巨大的服务价值，但目前人类对海洋生态系统提供的物质和服务处于低价或无偿的索取阶段，未纳入成本计算并在国家GDP中予以反映。因此，在我国亟须建立以生态系统为基础的海洋管理新模式，以解决发展中的环境与资源问题(叶属峰，2006；2012)

3.3.1.1 生态系统管理的涵义

近50年以来，在世界经济高速发展的过程中，人类对生物资源掠夺式的开发，造成生物多样性丧失和土地退化等一系列环境问题，对全球生态系统的稳定和可持续发展构成了极大的威胁。由《生物多样性公约(CBD)》和“国际自然保护联盟”(IUCN)提出并积极倡导的生态系统管理是解决这些环境问题的一种新理念和新途径。在1995年举行的CBD第二次缔约国会议上，生态系统管理作为一个总体原则首次被提出，并被全面反映在生物多样性公约CBD文件的各个部分，从而成为在全球范围内实施《生物多样性公约》的一个重要指导原则。此后这一新理念和新途径迅速得到国际上各方面的广泛关注，并在一些西方国家得到广泛应用，在生物资源可持续管理方面取得了显著成效。在2000年召开的CBD缔约国会议上，制定了生态系统管理的12条基本原则和5项行动指南，明确了其科学内涵和实施办法，使生态系统管理成为了一个既有科学概念又有丰富内涵的较为完善的体系。IUCN生态系统管理委员会（Commission on Ecosystem Management，CEM）也召开了多次会议，将推广生态系统管理作为其首项任务，并在荷兰等国家进行了示范，在生态系统可持续管理方面取得了显著成效。生态系统管理概念引入我国后，学者们展开了一系列理论探讨（汪思龙，2004；王伟，2005；丘君，2006；叶属峰，2006；陈艳，2006；欧文霞，2006；）其主要研究领域局限于陆地生态系统管理的理论与实践、在海洋领域实施海洋生态系统管理的必要性与紧迫性，尚未在海洋政策中确立以生态系统为基础的海洋管理模式，但已经初步具备实施海洋生态系统管理的基础，如目前已在厦门、大连、防城港、阳江、文昌等地开展了海岸带综合管理示范工作。

就目前而言，在国内外比较有影响的关于生态系统管理的定义主要有（李笑春，2009；丘君，2008）：

——Agee和Johnson（1988）：生态系统管理涉及调控生态系统内部结构和功能、输入和输出、并获得社会所希望的条件。

——美国林学会（1992）：生态系统管理强调生态系统诸方面的状态，主要目标是维持土壤生产力、遗传特性、生物多样性、景观格局和生态过程。

——美国林业署（1992～1994）：生态系统管理是一种基于生态系统知识的管理和评价方法，这种方法将生态系统结构、功能和过程，社会和经济目标的可持续性融合在一起。

——Slocombe（1993）：生态系统管理部分是重界定管理单元的问题，部分是运用最后的生态系统科学的问题……目的是提供一个框架和研究规程，通过调整计划、管理、政策和决策的制定活动来实现环境保护与经济发展的双重目标。

——Mladenoff and Pastor（1993）：生态系统管理要求我们必须强调要将森林景观对象置于更大的空间和时间背景下。

——Woodley（1993）等人：生态系统管理是指在某一限定的生态系统内按照人的要求及其价值观来协调、控制方向或人类活动，平衡长期和短期目标，并获取最大利益的行为。

——美国内务部和土地管理局（1993）：生态系统管理要求考虑总体环境过程，利用生态学、社会学和管理学原理来管理生态系统的生产、恢复或维持生态系统整体性和长期的功益和价值，它将人类、社会需求、经济需求整合到生态系统中。

——美国东部森林健康评估研究组（Eastside Forest Health Assessment Team，1993）：对生态系统的社会价值、期望值、生态潜力和经济的最佳整合性管理。

——美国环保局（1995）：生态系统管理是指恢复和维持生态系统的健康、可持续性和生物多样性，同时支撑可持续的经济和社会。

——美国生态学会（1996）：生态系统管理是具有明确且可持续目标驱动的管理活动，由政策、协议和实践活动保证实施，并在对维持生态系统组成、结构和功能必要的生态相互作用和生态过程最佳认识的基础上从事研究和监测，以不断改进管理的适合性。

——美国环保局（1998）：生态系统管理是指恢复和维持生态系统的健康、可持续性和生物多样性，同时支撑可持续的经济和社会。

——John E. Wagner（1998）等人将生态系统管理定义为：生态系统管理是在一定的区域内，采用一种适应性的系统方法来将社会、经济和政体与生物知识相结合来达到理想自然状态的管理模式；

——任海（2004）：生态系统管理是一种新的管理自然资源的整体论方法，它综合了各种生态关系和复杂的社会、经济、政治价值观的科学知识，旨在达到一个地区的长期持续性。

——北太平洋渔业管理会：为维持生态系统的可持续性而规范人类行为的策略。

——北太平洋海洋科学组织：管理人类活动的战略性方法，这种方法整合了生态、经济、社会、制度和技术等各方面因素，通过协同的管理工作，寻求生态系统健康和维持人类社会的可持续发展。

——2002 年欧盟保护海洋环境战略会议：在基于对生态系统及其动态最可靠的科学知识的基础上，对人类活动的一体化综合管理。通过识别和管理影响海洋生态系统健康的人类活动，实现维持生态系统完整性，并可持续利用生态系统产品和服务功能。

上述定义均涵盖了这些内容：① 以包括人在内的生态系统为管理对象，其管理边界为完整的生态系统；② 生态系统与社会经济系统之间的协调持续发展作为生态系统管理的核心，选择能够实现人与环境可持续相互作用的方法；③ 生态系统管理要求对管理对象有深入的了解，并且管理过程中综合运用生态、社会、经济、政治等多方面的知识。

3.3.1.2 海洋生态系统管理概念

海洋生态系统蕴含着巨大的价值，是人类生存和可持续发展的重要物质基础。它不仅可以为人类提供赖以生存和发展的物质产品，还可以提供很多无形的服务，包括供给服务、调节服务、文化服务和支持服务。长期以来，海洋资源的高强度开发和日益加剧的人类活动对海洋生态系统造成严重影响。近年来的《中国海洋环境状况公报》显示，我国近岸海域生态系统健康状况有待改善，大部分海湾、河口、滨海湿地等生态系统长期处于亚健康或不健康状态，近海渔业资源严重衰退，海洋灾害频发。

海洋生态系统管理作为一种新型的管理模式，基于对海洋生态系统组成、结构和功能的理解，在明确且可持续发展目标驱动下，以完整的生态系统为边界，在综合考虑了自然、社会经济及制度因素基础上，以适应性管理为手段，规范人类活动和行为，恢复或维持海洋生态系统的完整性和可持续性，为可持续地获得期望的海洋生态系统服务而对生态系统实施的管理活动。

海洋生态系统管理与传统的海洋管理有本质的不同。海洋生态系统管理致力于维持大尺度区域的长期可持续发展，其以一个完整的生态系统作为管理边界，统筹考虑经济、政治、社会等多种因素，对生态系统进行适用性管理，以此恢复和维持生态系统的健康、可持续性和生物多样性，同时支撑可持续的经济和社会。而传统的管理方式孤立地考虑人类对海洋的破坏活动，因此不具备处理多种危害的综合影响的能力。因此，必须改变传统的管理模式，建立基于生态系统的海洋管理模式来解决发展中的海洋环境与资源问题就显得尤为重要。具体见表 3-3-1。

表 3-3-1 海洋生态系统管理与传统海洋管理的比较

	海洋生态系统管理	传统的海洋管理
目标重点	所在区域的长期可持续发展，强调可持续的产品和服务供给	短期的产量及经济效益
尺度	多层次、多尺度	小的空间尺度
人类活动	人类活动作为海洋生态系统的一部分予以考虑	人类活动与海洋生态系统是分离的两个部分
区域协调性	从景观和生态系统尺度上考虑，其行动和建议与整个区域规划一致	注重解决局部问题，但可能干扰或影响更大范围的生态系统
价值取向	综合考虑政治、经济及社会价值	主要考虑经济价值
信息资源	以多重因素，在多重尺度上采集、组织信息资源	通过简单的信息收集，依靠有限的分类和信息基础进行分析

3.3.1.3 基本原则

生态系统作为一种管理理念，融入了可持续发展观念和生态系统管理方法，更注重生物多样性和海洋环境保护，是综合性的资源环境管理方法，强调通过管理包括人类在内的生态系统，实现保持生态系统健康和稳定，以保证其持续为人类提供所需的服务。海洋生态系统管理被赋予了很多实施的基本原则，但不同的人对其原则的认识不同。其中，最具有代表性的是《生物多样性公约》和美国研究人员基于生态系统海洋管理的科学声明中对其基本原则的界定。

（1）生物多样性公约

1992 年里约热内卢地球峰会上，生态系统管理作为生物多样性保护的基础概念正式被提出，并在《生物多样性公约(CBD)》和世界自然保护联盟(IUCN)等的积极倡导和推动下，迅速成为研究和管理实践的热门。经过多年的实践和讨论，CBD 在 2000 年召开的第五次成员国会议上，正式提出生态系统管理的 12 条基本原则：

① 管理目标应该由所有利益相关者共同选择。所有利益相关者的利益、特别是当地的居民和社区的权利和兴趣应该被公平和公正地考虑。

② 生态系统管理活动应主要由具体实施管理措施的机构来完成。生态系统管理工作涉及各个层次，越是基层单位，生态系统管理工作的责任越重大。这些机构在生态系统管理工作中的责、权、利越明确，越能发挥其参与管理工作的积极性。

③ 生态系统管理者必须考虑到管理行动对周边生态系统的实际和潜在影响，必须认真考虑和分析各种可能的影响。

④ 生态系统管理者应考虑到管理可能带来的潜在收益，需要在经济的背景下理解并管理生态系统。

⑤ 保护生态系统结构和功能，维持生态系统服务是生态系统方法的首要目标。

⑥ 必须充分认识生态系统机能的范围，必须考虑到限制自然生产力、生态结构、功能和多样性的环境条件。这些限制可能会因临时的不可预知的人类活动而发生变化。

⑦ 生态管理在适当的空间和时间尺度上施行。

⑧ 必须认识到生态过程不断变化的时间尺度和滞后效应，管理目标必须基于长期考虑。

⑨ 必须认识到不可避免的生态系统变化。生态系统管理必须利用适应性管理，以适应并迎合这些变化和事情。

⑩ 生态系统管理必须寻求保护和利用之间的平衡。

⑪ 生态系统管理必须考虑所有形式的相关信息。

⑫ 生态系统管理必须调动所有相关部门和学科的力量。

（2）基于生态系统海洋管理的科学声明

2005年3月，美国204位著名的学术和政策方面的专家共同发表了《基于生态系统海洋管理的科学声明》（*Scientific Consensus Statement on Marine Ecosystem-based Management*），指出：解决目前美国海洋和海岸带生态系统遇到的各种危机的办法，就是用基于生态系统的方法管理海洋。声明中提出了实施生态系统管理的关键要素，主要包括：

① 把保护和恢复生态系统以及它们的服务放在首位；

② 考虑不同人类活动对生物多样性和生物之间关系的积累效应；

③ 通过解决营养和物质的流动，促进生态系统之间的连接关系；

④ 必须承认基于生态系统管理存在的不确定性，综合管理措施，根据已知的信息，合理预防；

⑤ 在不同的空间尺度上，都要制定完备协调的政策，恰当的空间管理尺度要根据管理目的而定；

⑥ 维持原生物种多样性，以提高自然和人类自身的稳定性；

⑦ 在管理措施实施之前，必须保证其不对生态系统功能造成不适当的危害；

⑧ 确定指数，评价生态系统功能及其提供能力的状态，以及管理措施的有效性；

⑨ 利益相关者的广泛参与。

我国学者王淼（2008）、田慧颖（2006）等也提出了在基于生态系统的海洋管理工作中应遵循的原则或者基本要素，主要概况如下：

① 保持海洋生态系统的功能完整性。海洋生态系统功能是在一定范围内各成分之间发生的物理、化学和生物作用。海洋管理的一个重要前提应是保持生态系统的功能完整性，同时允许使用系统提供的产品和服务。如果人类为了直接的经济利益超负荷地利用某些功能而使其受到破坏，海洋生态系统功能将部分或全部丧失，给人类社会造成巨大的经济损失。

② 保持生物多样性。海洋里的生物，从原生动物到脊椎动物，有25万种之多，它们在海洋生态系统中都占有各自的位置。一个生态系统中不同物种出现的频率决定其物种的多样性。如果生物多样性减少，海洋生态系统将丧失其物种成分和联系它们的作用，将导致生态系统提供产品和服务的功能部分或全部丧失，人们的生活和生产将会受到很大影响。

③ 认识海洋生态系统变化的必然性。海洋生态系统不是静止不变的，始终处于变动和进化过程中。其变化起因于生命阶段的正常转换和组成该系统的组分丰度及其彼此的

相互作用；变化还来自于系统外界的干扰和人类的活动，这样的变化是不可避免的。海洋管理者必须认识到变化是不可避免的，并据此进行规划。

④ 将人类作为海洋生态系统的一部分。人类和海洋生态系统有密切关系，几千年来，人类和海洋生态系统中的其他成分相互作用，才形成了海洋生态系统现在的状态，不应该将人从海洋中分离出来。一方面人类的生存和生活需要海洋生态系统提供的产品和服务；另一方面人类社会又以其能力开发海洋生态系统，而且，人类常常还是海洋生态系统功能及其完整性的最大威胁，没有人类的积极合作，海洋管理实践很容易失败。人类的价值取向在管理目标的设定过程中起到决定性的作用，应该在寻求生态系统可持续发展的过程中将人类作为一分子考虑进来制定管理目标。

⑤ 广泛的时空尺度。生态系统过程发生在一系列不同的时空尺度上，应该在生态边界内实行生态系统管理——传统资源管理面对的时空尺度都不够大。要充分认识到海陆统筹、流域综合管理的重要性，生态系统管理往往是跨越行政、政治和所有权尺度的。

⑥ 共同决策。生态系统管理的空间大尺度特性使得管理必然是一个共同决策的过程，涉及政府机构、民间组织、非政府机构、广大公众等多方。

3.3.1.4 实施步骤

2006年，联合国秘书长《关于海洋和海洋法》的年度报告中，对生态系统方法的步骤做了详细的阐述，这是目前关于实施生态系统方法最明确、最全面的阐述之一，主要内容如下：

（1）确定采用生态系统管理的地域范围

实施生态系统管理的第一步就是确定适用的范围。管理的地域范围应反映生态特征，并应包括沿海地区的海、陆两个组成部分。应予考虑的因素包括① 生物地理特征，如动物区系的构成及主要繁殖模式；② 海洋物理特征，如水深、潮流、潮汐、温度等；③ 海洋环境与陆地环境之间的联系，包括土地使用和分配模式及人口密度；④ 捕捞、矿产资源开发、航运等人类活动。海洋生态系统域界，通常是以相关国家辖区内海域的生物地理和海洋学方面的特征为依据，同时考虑到现有的政治、社会和经济分布，以期减少管理工作的冲突和不一致。鉴于政府不同部门可能有不同的职权范围，因此，所有行政部门可能都应参与，在生态系统受外界因素影响的情况下尤其如此。

（2）科学地研究和分析生态系统特征

需要对生态系统的构成和机能运作进行科学研究和分析，以便对生态系统有个初步描绘，据此评估其状况，确定生态和行动目标、生态指标和参照点。当前，对生态系统的科学了解是有限的，因此，政府应支持继续进行科学研究，以期更好地了解海洋生态系统，确保在可持续发展过程中予以妥善保护。科学几乎是无止境的，管理者在拟定养护和可持续利用的措施时必须利用现有的最佳科学知识，采取审慎的态度。

（3）确定区域的生态和行动目标

根据上述分析结果，管理者应确定生态和行动目标，明确说明要谋求怎样的生态系统，包括人类在此生态系统中的位置和活动，并反映大多数利益相关者的价值观和愿望。海洋管理的目标应该体现出明确、综合、因地制宜和可持续的特点。

（4）查明生态系统面临的压力及其影响

这些压力可能包括：各种来源的有害物质的污染；微生物污染；营养物投入过量导致的富营养化；海洋废弃物；人为的水下噪音；外来入侵种源生物种；生物多样性的流失；生境物质破坏，以及各种因素导致的生态系统结构和机能运作的改变。这些因素中，有些是自然的，包括气候变化、风暴潮、地震、海啸等。

（5）选定生态指标，确保生态目标得以实现

需要指标、界线和具体目标来监测实现行动目标的进展情况，并指导管理决策。指标应具备以下特征：① 可以定量，至少可以被定性地衡量；② 应反映生态系统的特点以及人类活动的因素；③ 容易被利益相关者理解；④ 应对管理行动快速响应。

（6）分析现有的法律框架，查明空白、重叠和不一致之处

应分析国家法律，确保法律支持和有助于生态系统方法的采用。如有不一致之处，应予以消除；如缺乏有利的法律框架，应予以建立。有效的行政管理也是必要的。

（7）管理影响或可能影响生态系统的人类活动

管理者应该在管理计划和措施中考虑到活动对生态系统的可能影响，以期减少、控制或消除有害影响，保护生态系统。应予以管理的活动包括：在沿海或流向海洋的河流沿线使用或生产危险物质的路基工业活动；可能导致富营养化的农业污染物；沿海开发、工业、住宅或旅游业开发；港口建设和运营；在海床上建筑和安装设施和结构；开采海砂等港口或海峡航道的疏浚物及处理；近海石油和天然气的勘探和生产；海床采矿；废物倾倒；海运活动；敷设输油管和电缆；捕捞业；增养殖业和贝类采捕。应对这些活动进行环境影响评估，确定其对海洋生态系统的影响，以便采取措施减轻影响。

管理者还应认识到各项决定和行动潜在的累积影响的严重性，同时考虑到直接和间接的影响。

（8）通过生态指标来监测生态系统的自然变化及因由管理措施的影响

必须持续监测生态系统随着时间的推移以及自然变化和管理措施的影响而形成的状况。通过生态指标定期评价各项目标的实际进展情况。还应对整个生态系统结构以及机能运作和现状进行全面的重新评估，尤其是结合新的科学认识、人类活动的变化、对生态系统的更多压力及新的管理工具。比较生态系统状况与人类活动随着时间的推移而出现的变化，并与总目标和各项具体目标相比较，确定生态系统方法是否得以成功实施。

（9）根据需要调整管理系统

生态系统管理要求管理系统和工具适应性强，能够顾及和响应不断变化的形势。海洋生态系统是动态的，因此，管理工作应考虑到这一自然变异性以及人类活动的变化和已采取的管理措施的影响。有鉴于此，管理者应利用监测和定期重新评估的结果来调整和修订战略和措施，以应对不断变化的生态系统。对海洋生态系统的科学了解是不完整的，而且生态系统总是要随着时间的推移而变化，因此，需要不断调查生态系统机能运作情况和现状。管理者应随时准备应对相关生态系统的科学新认识，并在面临不确定因素的情况下采取审慎方式。

3.3.2 黄河口生态系统管理模式

3.3.2.1 管理目标

构建管理模式，实施管理过程，其首要任务是要确定管理目标。管理目标设计得科学与否会最终影响到管理效果的实施。在黄河口生态系统管理中，要坚持海陆统筹，加强海洋生态文明建设，以区域资源环境承载力为依据，把建设资源节约型、环境友好型的区域海洋生态系统放在突出位置，重点加强黄河口海域海洋保护区的管理，使黄河口区域海洋环境质量进一步改善，资源利用率有效提高，生态系统多样化和完整性得到有效保护和提升，推进黄河口区域海洋经济健康、高效、和谐、可持续发展。

（1）环境管理目标

针对黄河口海域的环境问题，其环境管理目标包括海洋环境质量、海洋生物多样性、海洋生态系统完整性、海域承载力等系列环境管理目标。

① 海洋环境质量管理目标。

黄河口海域分布有东营河口浅海贝类生态国家海洋特别保护区、东营利津底栖鱼类生态国家级海洋特别保护区、东营黄河口生态国家级海洋特别保护区、东营莱州湾蛏类生态国家级海洋特别保护区、东营广饶沙蚕类生态国家级海洋特别保护区等海洋敏感区（图3-3-1），黄河口海域海洋环境质量管理目标应为水质和沉积物符合海洋功能区划中规定的海洋保护区水质和沉积物质量要求，即功能区水质和沉积物质量需要达标。

② 海洋生物多样性管理目标。

加强生物多样性保护，使黄河口区域生物多样性下降趋势得以遏制，在黄河口重要生态功能区、环境敏感区建立海洋保护区，确保区域内90%以上的珍稀濒危物种得到保护，改善该区域生物多样性状况。加强生物多样性监测，建立并逐步完善生物多样性监测评估与预警体系。加强渔业资源管理，防止传统经济鱼类资源全面衰退，限制海水养殖面积扩大。

③ 海洋生态系统完整性管理目标。

遵循生态系统完整性原则办事，尊重自然规律，保持现有自然岸线不变，改变简单以行政界线对区域进行管理的传统模式，探索并力求能够界定各类生态系统完整性管理边界，加强对生态系统结构、功能和动态的整体性监测与评估，保持黄河三角洲各类生态系统的稳定性和完整性，维持良好的生态系统健康。

④ 海域承载力管理目标。

减少不合理的人为干扰，规范各类用海活动，科学开发利用海洋资源，建立资源环境承载能力监测预警机制，完善海域环境资源监管体制，对资源环境承载力处于满载状态且持续下降的海域实施区域限批，对于已经严重超载运转的海域加强保护，禁止一切与资源环境保护及修复无关的开发活动，提高黄河口区域资源环境综合承载力，为区域经济与海洋环境的和谐发展提供保障。

（2）体制管理目标

体制管理目标应针对地方政府普遍关心经济的发展而忽视海洋环境的保护，对其中存在的问题，对权力分散现状进行改革，强化中央、省级和市级海洋管理部门对海洋开发利用的监控能力、权利和责任，同时，加强综合管理能力，打破海陆分割局面，强化海洋、环保、渔业等多部门之间的密切合作。

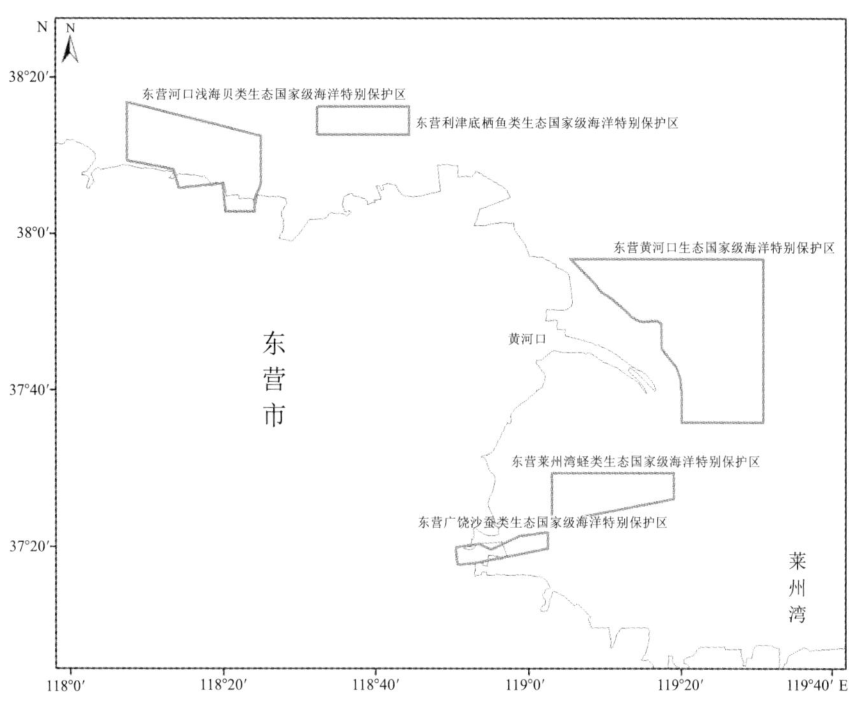

图 3-3-1 黄河口海域海洋保护区分布

3.3.2.2 管理边界

在人类活动和传统的管理模式中，往往以行政边界为限进行综合管理。但是在海洋、海岸带与河口区域，生态系统过程、人类活动以及传统的行政管理边界在地理范围内存在很大的不匹配。海洋面临的很多问题的根源在陆地上，例如，陆源污染困扰海洋生态系统的就是污染源。

基于生态系统的海洋管理的空间范围不是随意划定的，丘君(2006)等认为必须遵循以下原则：① 打破传统的由行政边界分割形成的管理范围，改变为根据生态系统分布的空间范围划定管理范围，保证每一个管理单元所包含的都是相对完整的生态系统；② 管理范围本身具有多层次多尺度性。基于生态系统的海洋管理包含了国家、区域和地方等不同空间尺度上的策略。因此，必须建立跨行政区域的管理边界来保护关键的海洋生境，从原来的以政治界线为边界转变为以生态系统的界线为边界，减少经济发展、人口增长和城市化对海洋生态系统的影响，也就是以生态系统作为管理单元。在陆地上，流域一般被认为是一个合适的基于生态系统的管理单元，特别是涉及水文和水污染问题时。由于陆地活动与海洋环境之间联系密切，基于生态系统的海洋管理区域的适宜地理边界必须结合大海洋生态系统以及流入这一生态系统的流域。管理范围应该从原来的海洋—近岸系统一直延伸到整个流域，包括流域—河口—近岸—海洋整个系统。对于黄河口生态系统来说，更多地应从区域的角度来界定管理范围。

3.3.2.3 管理原则

河口生态系统管理应遵循的原则如下：

（1）可持续性是生态系统管理的核心

可持续性是生态系统管理贯穿始终的目标，要充分考虑到河口生态系统的资源环境承载能力，提倡在确保能够持续、稳定地提供产品和服务的前提下，合理进行河口资源开发，实现河口区域社会、经济和环境的长期协调发展。

（2）应有明确的管理边界、管理对象和可操作的管理目标

基于生态系统的管理，要求管理范围要清晰，管理对象要明确，管理目标要具有针对性和可操作性。

（3）充分理解生态系统不确定性并进行适应性管理

任何生态系统都有动态变化的特征，同时受限于人的认知水平及观测数据等信息的缺乏，这将导致生态系统管理存在一定的不确定性，有可能发生管理措施实施的结果偏离预期目标的情况。因此，必须进行适应性管理，根据变化实时、及时调整管理目标和政策，灵活运用各种适宜的管理措施。

（4）人类为生态系统的一个组成部分

对生态系统的任何影响都是自然因素和人为因素双重作用的结果。生态系统管理的对象实际上并不仅仅是生态系统本身，还包括造成生态变化的人类行为。但是，生态系统管理的目标并不在于通过禁止所有人类活动来保护生态系统的“自然性”（Bean 1997），而是将人类活动与自然保护看作一个整体，允许和鼓励自然资源的合理开发和利用，从而提高居民生活质量和社会福利。其前提是，管理者必须减少人类活动对自然资源的冲击，同时明确人的价值取向、影响和需求在生态系统中的地位，明确生态系统服务和人类利用之间的关系，以一种可持续的方式提供人类所需，在生态系统阈值的前提下，约束和规范人类活动的范围和规模。

3.3.2.4 管理模式

基于海洋生态系统的管理模式是一个系统集成概念。黄河口作为河流、海洋与陆地交汇的重要区域，构建基于生态系统的管理模式首先需要有明确的目标驱动，在遵循既定管理原则的基础上，基于目标识别界定管理范围内的问题，按照生态系统管理的具体实施步骤构建黄河口生态系统管理模式。该管理模式自下而上主要分为四个层次：生态系统问题诊断、生态系统管理方法、生态系统管理政策（包括完善的法律体系，必要的体制保障）以及生态系统管理目标（图 3-3-2）。

（1）问题诊断层

进行黄河口生态系统的问题诊断，首先要明确其管理边界，在边界范围确定后，开展相应的问题识别和诊断。对于管理边界，有两种界定方式。一种是以跨越生态系统的行政管理边界来界定，一种是以维护生态系统稳定性和完整性的外边界来界定。目前通常是以行政区划为界线来确定管理边界，但这种方式往往会割裂行政区划以外的外部因素对生态系统可能造成的影响。采用维持生态系统完整性的外边界来界定管理边界，从理论上来说能取得更好的管理成效，但这种外边界的划定在实际操作上又往往存在着极大

的困难。因为每个生态系统都不是完全封闭的，它总会或多或少受到生态系统以外其他因素的影响。比如对于黄河口生态系统来说，它处于河海的交汇处，在通常条件下，既受到河流的影响，也会受到海洋的影响，河水和海水对保护河口生态系统的功能和完整性有重要作用，同时如果河流从远离河口的区域携带污染物，也会导致污染物入海，引起河口生态系统的退化，因此往往很难界定清楚河口生态系统的具体管理边界。为了更全面地对黄河口面临的生态问题进行剖析，我们采用一种折中的方法，在实际操作上以行政界线为主，并适当考虑外界对生态系统的影响因素。

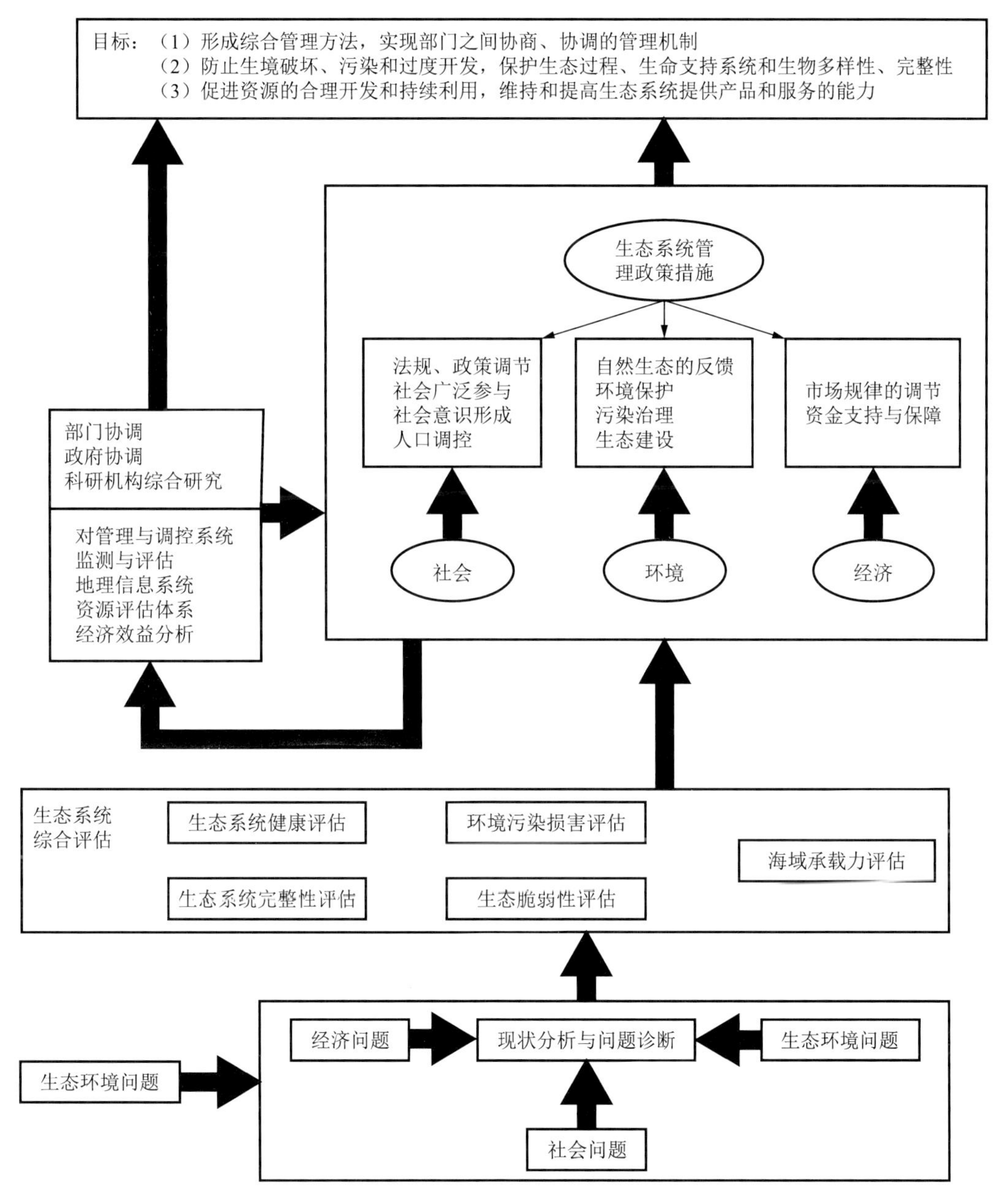

图 3-3-2　黄河口生态系统管理模式

作为一个“环境—社会—经济”的系统复合体系，河口生态系统基于自然环境，以资源流动为主线，以人类活动为主导，为人类提供各种生态服务和产品，其面临的生态压力主要来源于环境、社会及经济三个方面。这三方面相互关联、相互作用，共同作用于河口生态系统，其所受到的压力并不是其中任何一方单独作用的结果。因此，对河口生态问题的诊断必须综合考虑环境、社会、经济三方面的因素，以此更加深刻剖析河口生态系统存在的问题。

（2）分析评估层

在确定了管理边界，对河口生态系统存在的环境、经济、社会问题进行识别后，需要从中提炼相关评价指标，对河口生态系统进行综合评价。由于生态系统状况直接影响生态系统的服务功能，而生态系统的服务功能又是生态系统的外在表现，因此该部分评价内容既包括生态系统健康评估、生态系统完整性评估、环境污染损害评估、生态脆弱性评估等生态系统自身的相关评价，又包括生态系统所能够承载服务功能价值的能力评价（海域承载力评估），它以一种与人类开发利用更为密切相关的形式体现区域生态系统的状况，通过对河口生态系统所处的生态现状及其提供产品和服务承载能力作出合理的科学评价，为河口生态系统管理决策提供科学依据，实现河口生态系统生态服务功能和生态系统产品最佳组合，促进人与自然相协调的黄河口区域海洋经济的持续发展。

（3）政策层

河口生态综合评价的目的在于更好地对河口进行生态系统管理。河口生态系统受环境、社会、经济三方面因素影响，根据其评估的生态状况及可提供生态系统服务和产品的承载能力，可以有针对性地制定河口区域的管理政策制度，通过完善法规制度和环境政策，创新环境管理体制，加强对河口生态系统管理的监控和管理，为实现河口生态系统管理的可持续发展提供制度保证。

河口生态系统管理模式环境政策的核心是通过建立自然生态环境和人类社会、经济系统之间的反馈机制，实施有效的生态环境调控，实现河口生态系统资源和环境的可持续发展，具体内容包括：环境保护、污染治理和生态建设等内容。

河口生态系统管理模式的经济政策主要包括两个方面。一方面是指通过科学的经济调控，在保持河口区域海洋资源合理开发与利用的基础上，优化资源配置，刺激相关海洋产业稳步发展，推动海洋产值不断攀升。另一方面主要通过市场规律的调节，作用于河口生态系统，为河口生态系统合理管理提供资金支持与保障，基于生态系统，发挥出河口综合管理的综合效益。

河口生态系统管理模式的社会政策主要依靠政府部门颁布的法律、法规、政策和制度的调节发挥其功效。在这一过程中，跨越行政管理界线的流域范围内社会广泛参与、公众社会意识的形成都是河口综合管理十分关注的问题。河口生态系统管理涉及多方的协调与合作，既包括海洋、环保、水利等管理部门之间的河海统筹、区域联动，也包括各级管理部门与公众之间的配合和协调。应加强宣传力度，提高全民海洋环保意识，强化公众参与的力度。要通过规范制度建设，形成合力，共同致力于生态系统管理。

（4）目标层

生态系统管理是“基于目标”，而不是“基于问题”的管理，其思想是“通过系统全局的观点来管理包括人类在内的生态系统，涉及自然—人类—社会复合生态系统中各个层次的多个目标及其错综复杂的相互作用关系，应该是一个实现和维持“目标”的过程（田慧颖，2006）。因此对生态系统进行管理，首要的问题就是确立一些明确的管理目标。这些目标不是适应当时条件的一时目标，而是可持续的、长远的目标；不是针对某一方面的单个目标，而是一个有层级结构的、针对整个生态系统的目标体系（杨荣金，2004）。

在本管理模式中，目标层是河口生态系统管理模式的最高层，也是最重要的顶层设置，主要是通过基于所要达到的目标，来进行问题识别、生态系统综合评价以及管理政策的制定。在管理过程中，各个部门、政府及科研机构之间协调处理，共同管理河口生态系统，其最终目标为：① 形成综合生态系统管理方法，实现部门之间的协商、协调的管理机制；② 通过防止生境破坏、污染和过度开发，保护生态过程、生命支持系统和生物多样性；③ 促进资源的合理开发和持续利用，实现可持续发展这一战略思想。

此外，河口生态系统的复杂性和不确定性决定了在进行河口生态系统管理时，必须进行适应性管理，来纠正偏离预期目标的情况。适应性管理在生态系统可持续管理中具有重要地位，它可能是不确定性和知识不断积累条件下唯一合乎逻辑的方法。适应性管理是指在生态系统功能和社会需要两方面建立可测定的目标，通过控制性的科学管理、监测和调控管理活动来提高当前数据收集水平，以满足生态系统容量和社会需求方面的变化。适应性管理有足够的弹性和适应能力，可以适应不断变化的生物物理环境和人类目标的变化（杨荣金，2004）。通过对政策管理效果进行评估和反馈，通过生态系统可持续管理的各个环节的不断调整，或调整管理手段，或调整管理的边界和尺度，不断改善河口生态系统的管理策略和行动计划，以适应于不断变化的生态系统和生态系统外部环境以及人类需求，实现生态系统可持续管理的总体目标，实现生态系统要素、结构、功能的可持续发展。适应性管理策略和行动计划不仅要经过广泛的民主讨论和科学分析，以使政策制定者、经营管理者和公众更多地了解因不确定性可能引起的诸多问题。因此河口生态系统管理的政策是动态的，而不是一成不变的，要不断根据管理者对河口生态系统认识的不断加深、河口生态系统自身的动态变化以及运用技术手段对当前管理与调控系统的监测与评估，及时制定或修订相关的政策措施，来不断满足河口生态系统管理的需要，获取可持续的、最大化的生态系统服务功能（价值），最终实现河口生态系统服务功能的可持续性，促进该区域环境、经济和社会效益三者的统一。

3.3.3　黄河口生态系统管理对策

为了保护黄河口海域海洋环境，促进海岸带经济的持续发展，需要制定和实施基于生态系统方式的海岸带综合管理战略和行动计划。针对黄河口海域存在的上述问题，应加大管理力度；以专项监测为主线，突出“污染物容量总量控制”中的动态调控和目标管理，制订污染物总量控制方案、时序削减量和削减率，采用生态修复技术修复水环境，以期减轻黄河口海域生态环境不良的状况。拟采取的管理对策探讨如下：

（1）制订和实施海洋综合管理规划

海洋行政主管部门应科学制订岸线和海洋开发、保护、管理规划，将其纳入国民经济和社会发展规划和阶段计划中，并以法律形式确认，保障其法律地位；加强海洋综合执法队伍，加大生态执法力度。

（2）区域联动，鼓励更广泛的合作和参与

基于生态系统的海洋管理是一个整体过程，涉及农渔业、交通运输、环境保护、水利等多行业和部门及其他利益相关者，这就要求所有涉及团体通力合作，采用综合的方法，包括部门之间的综合、各级政府之间的综合、海陆综合、科学知识的综合等，特别强调省级管理部门在黄河口生态系统管理中的协调作用，实施海陆统筹措施，打破海陆分割的局面，实施信息共享、区域共管。各部门在对黄河口资源开发利用和管理中都应该服从总体目标，在促进经济发展的同时，兼顾部门利益。强化省级海洋管理部门对海洋开发利用的监控能力、权利和责任，加强海洋环境保护意识，对海洋资源开发行为实施有效监控。

河口区域主要的问题就是陆源排污，对此，海洋行政主管部门应会同环保、水行政主管部门制订和实施废物排放监督制度和环境综合整治计划，对黄河入海河口实行陆源污染物入海总量控制，进行减排防治。针对无机氮已经严重超出国家海水水质标准的情况，应开展科学研究，合理利用河口水体的交换自净能力，建立沿海陆域无机氮的控制机制；加大污染源的治理和区域污染整治的力度；加速沿海陆域的产业结构调整和城市污水处理系统的建设，逐步改变近岸海域污染状况。控制陆域海上污染源、海岸工程、海洋倾废等各类污染源的废物排放。

（3）深化海洋环境保护与管理的科学研究，提高管理的科学水平

发挥山东省海洋科技机构的优势，建立和完善包括环境资料库、监测监视系统和地理信息系统在内的环境信息系统，为海洋综合管理和决策服务。继续开展长期的海洋生态监测工作，及时反馈海洋环境的变化信息，为决策提供依据。

实施污染物总量控制和水体修复技术，降低海水中的无机氮浓度，降低氮磷比。黄河口海域氮磷比严重失衡，导致浮游植物群落结构异常。N∶P 的原子比可作为判断调查海域浮游植物营养盐限制情况的重要参考指标。连续多年的监测结果表明，黄河口海域无机氮浓度过高而活性磷酸盐浓度较低是造成氮磷比失衡的主要原因。因此，一方面需要实施污染物总量控制，削减无机氮入海量，另一方面，实施海水修复技术，可考虑采用种植吸附无机氮的大型海藻技术，降低海水中的无机氮浓度，从而降低氮磷比，保障海洋生态系统的健康发展。

（4）加强海岸及海洋工程建设项目管理

在《全国海洋功能区划（2011～2020 年）》、《山东省海洋功能区划（2011～2020 年）》的框架下，实施区域限批和围填海总量控制制度。

黄河口海域油气资源丰富，油气开采用海项目较多，油田开发建设项目要严格执行海洋环境影响评价制度和海域使用论证制度，工程建设尽量采用新颖的平面设计方案和施工方案，限制或禁止采用漫水路、人工岛筑堤等施工方式，区域建设用海项目实施战略环境影响评价制度和海洋生态补偿措施，最大限度地减轻或避免工程建设对岸滩蚀淤环境和生态环境造成的不良影响。

在重要功能区、环境敏感区和脆弱区划分禁止开发区和限制开发区。禁止开发区不允许任何资源开发活动，限制开发区严控开发强度，实行严格的项目准入环境标准，仅允许开展不影响其生态功能发挥的开发活动。由国家根据各地的实际需要分配年度围填海

总量控制指标，积极推进围填海造地工程平面设计方式的转变，由顺岸平推式填海方式逐步转变为离岸式、人工岛式或者多突堤式围填海，由大面积整体性围填海逐步转变为多区块组团式的填海方式，集中集约进行用海。

（5）完善实施黄河调水调沙工程和湿地治理工程

建立河口生态需水机制。结合黄河来水来沙对底栖生物群落和主要生物产卵场的时机需求，调控调水调沙入海时机、频次，达到水利与生态两个目标共赢。建立河口生态需水量补给机制，用以维持滨海湿地及河口生态需水的最低流量和水量，实施河口生态的有效监控与管理。进一步加大对湿地和河流的治理，通过引灌黄河水、人工修筑围堤、增加湿地淡水存量等措施，实施湿地生态恢复工程，使湿地生态环境质量得到不断改善，有效保护生物多样性。

实施黄河不同季节的调水调沙工程，降低黄河口海域盐度。黄河口海域盐度持续升高，2010 年均值达到 30. 794。浮游生物对盐度变化比较敏感，盐度升高，将会相应地影响到浮游生物种类，导致河口区域的低盐生物种类减少，而导致黄河口海域盐度升高最重要的影响因素是黄河水入海量减少。因此，保障海洋生态系统健康的前提是要保障黄河水入海量的持续增加。自从 2007 年黄河口实施调水调沙工程以来，黄河水入海量得到增加，然而，该工程的实施仅限于丰水季节，在相对水资源匮乏的枯水季节，保障海域的淡水入海量意义更加重要，这方面需要更多利益相关部门的理解和配合。

（6）加强受损资源及其生态系统的修复和重建

强化自然保护区和海洋生态特别保护区的建设和管理。海洋保护区是有效保护海洋生态系统和生物多样性的有效途径。结合东营市政府开展的黄河三角洲高效生态经济建设，加强这一地区的湿地及其生物多样性的保护，维护湿地生态系统的生态特性和基本功能，重点保护好自然保护区内国家级的、具有重要意义的湿地，保持和最大限度地发挥湿地生态系统的各种功能和效益，保证湿地资源的可持续利用，同时加强东营黄河口生态国家级海洋特别保护区的建设与管理。

实施海洋生态补偿机制。随着《山东省海洋生态损害赔偿费和损失补偿费管理暂行办法》、《关于海洋生态损失补偿费评估有关问题的通知》（鲁海渔［2011］34 号）以及《山东省海洋生态损害赔偿和损失补偿评估方法》等文件的出台，山东省海洋生态损害赔偿和损失补偿有了重要的依据。除此之外，应该多方面争取并筹措国家海域使用金返还等其他资金用于海洋生态补偿，不断完善海洋资源有偿使用和资源与生态补偿制度，调整相关利益者因开发海洋资源、保护或破坏海洋生态环境活动产生的利益及其经济利益分配关系。使得因海洋突发事件、海洋资源开发利用过程中造成的资源及生态破坏所需采取的海洋生态补偿有充分的资金支持和制度保障，以重建或修复受损的生态系统。

加强对渔业资源的保护，降低捕捞强度。加大宣传力度，以提高当地渔民对海域渔业资源的保护意识，并在提高捕捞技术的基础上加强管理力度，严格落实“禁渔期”制度，降低捕捞强度。

（7）海洋生态系统监测

采用遥感、GIS 等手段，加强海洋生态系统监测，对生态系统进行长期、连续的定位监测，摸清海洋生态系统健康状况，阐明海洋生态环境演变及其发展趋势，为发展基于生态系统的方法管理海洋提供环境背景资料，为环境管理目标服务。

参考文献

[1] CBD. Ecosystem Approach: Further elaboration, guidelines for implementation and elationship with sustainable forest management. UNEP/CBD/SBSTTA/9/INF14. Montreal. 2003.

[2] Korn H, Schliep R, et al. Report of the International Workshop on the "Further Development of the Ecosystem Approach" [R]. International Academy for Nature Conservation, Isle of Vilm, Germany, 2002.

[3] Laffoley, BURT J, et al. Adopting an Ecosystem Approach for the improved stewardship of themaritime environment: some overarching issues[R]. English Nature, Peterborough, English Nature ResearchReports, 2003. 538: 20.

[4] Smith R, Maltby E. Using the Ecosystem Approach to implement the CBD. Key issues and casestudies. IUCN, Gland, Switzerland and Cambridge, UK. 2003. 118.

[5] Turner C. The Ecosystem Approach to environmental management[G]. Unpublished PhD Thesis, University of London. 2004.

[6] 陈艳，赵晓宏. 我国海洋管理体制改革的方向及目标模式探讨 [J]. 中国渔业经济，2006 年，3: 28-30.

[7] 方秦华. 基于生态系统管理理论的海岸带战略环境评价研究 [D]. 厦门大学博士学位论文，2006.

[8] 李茂. 美国生态系统管理概况 [J]. 国土资源情报，2003，2: 9-19.

[9] 李笑春，曹叶军，叶立国. 生态系统管理研究综述 [J]. 内蒙古大学学报(哲学社会科学版)，2009，41(4): 87-93.

[10] 欧文霞，杨圣云. 试论区域海洋生态系统管理是海洋综合管理的新发展 [J]. 海洋开发与管理，2006，4: 91-96.

[11] 丘君，李明杰. 海洋管理应引入生态系统管理理念 [N]. 中国海洋报，2006，1529.

[12] 石洪华，丁德文，郑伟，等. 海岸带复合生态系统评价、模拟与调控关键技术及其应用 [M]. 北京：海洋出版社，2012.

[13] 田慧颖，陈利顶，吕一河，等. 生态系统管理的多目标体系和方法 [J]. 生态学杂志，2006，9.

[14] 汪思龙，赵士洞. 生态系统途径——生态系统管理的一种新理念 [J]. 应用生态学报，2004，15(12): 2364-2368.

[15] 王伟，陆健健. 生态系统服务与生态系统管理研究 [J]. 生态经济，2005，9，35-37

[16] 谢春花，王克林，等. 湿地功能变化与生态系统管理——以洞庭湖区双退垸为例 [J]. 农村生态环境，2005，21(3): 6-10.

[17] 燕乃玲，赵秀华，虞孝感. 长江源区生态功能区划与生态系统管理 [J]. 长江流域资源与环境，2006，5: 598-602.

[18] 杨荣金，傅伯杰，刘国华，等. 生态系统可持续管理的原理和方法 [J]. 生态学杂志，2004，23（3）：103-108.
[19] 叶属峰，程金平. 生态长江口评价体系研究及生态建设对策 [M]. 北京：海洋出版社，2012.
[20] 叶属峰，温泉，周秋麟. 海洋生态系统管理，以生态系统为基础的海洋管理新模式探讨 [J]. 海洋开发与管理，2006，1：77-80.